新型职业农民培训 系列教材

新型职业农民
素质提升读本

● 辛登豪　彭晓明　主编

U0272251

中国农业科学技术出版社

图书在版编目（CIP）数据

新型职业农民素质提升读本／辛登豪，彭晓明主编．—北京：中国农业科学技术出版社，2014.7

（新型职业农民培训系列教材）

ISBN 978-7-5116-1734-7

Ⅰ.①新… Ⅱ.①辛…②彭… Ⅲ.①农民-素质教育-中国 Ⅳ.①D422.6

中国版本图书馆 CIP 数据核字（2014）第 138272 号

责任编辑　徐　毅　张志花
责任校对　贾晓红

出 版 者　中国农业科学技术出版社
　　　　　北京市中关村南大街 12 号　邮编：100081
电　　话　(010)82106636(编辑室)　　(010)82109702(发行部)
　　　　　(010)82109709(读者服务部)
传　　真　(010)82106631
网　　址　http://www.castp.cn
经 销 者　各地新华书店
印 刷 者　北京富泰印刷有限责任公司
开　　本　850mm×1168mm　1/32
印　　张　6.375
字　　数　165 千字
版　　次　2014 年 7 月第 1 版　2015 年 9 月第 3 次印刷
定　　价　20.00 元

新型职业农民培训系列教材

《新型职业农民素质提升读本》
编　委　会

主　任　彭晓明
副主任　王金栓　张伟霞　郭春生

主　编　辛登豪　彭晓明
副主编　徐玉红　王锋胜　屠新虹
　　　　张春娟
编　者　王金栓　郭春生　张　锴
　　　　张　平　王　忠　郑艳丽
　　　　王亚锋　段东军

序

　　我国正处在传统农业向现代农业转化的关键时期，大量先进的农业科学技术、农业设施装备、现代化经营理念越来越多地被引入到农业生产的各个领域，迫切需要高素质的职业农民。为了提高农民的科学文化素质，培养一批"懂技术、会种地、能经营"的真正的新型职业农民，为农业发展提供技术支撑，我们组织专家编写了这套《新型职业农民培训系列教材》丛书。

　　本套丛书的作者均是活跃在农业生产一线的专家和技术骨干，围绕大力培育新型职业农民，把多年的实践经验总结提炼出来，以满足农民朋友生产中的需求。图书重点介绍了各个产业的成熟技术、有推广前景的新技术及新型职业农民必备的基础知识。书中语言通俗易懂，技术深入浅出，实用性强，适合广大农民朋友、基层农技人员学习参考。

　　《新型职业农民培训系列教材》的出版发行，为农业图书家族增添了新成员，为农民朋友带来了丰富的精神食粮，我们也期待这套丛书中的先进实用技术得到最大范围的推广和应用，为新型职业农民的素质提升起到积极地促进作用。

高地动

2014 年 5 月

前　言

　　随着城镇化的迅速发展，大批文化程度较高的青壮年外出务工，大量农村劳动力从农业转向非农业，从乡村流动到城镇，农户兼业化、村庄空心化、人口老龄化趋势明显。我国农业劳动力供求结构进入总量过剩与结构性、区域性短缺并存的新阶段，关键农时缺人手、现代农业缺人才、新农村建设缺人力。党中央国务院站在"三化"同步发展全局，提出大力培育新型职业农民，这是解决未来"谁来种田"问题做出的重大决策，抓住了农业农村经济发展的根本和命脉。2012 年农业部在全国启动实施了新型职业农民培育试点工作，各试点县结合当地实际，制定了培育新型职业农民的方向目标、认定标准、实施办法和扶持政策，探索积累了培育新型职业农民的经验，奠定了我国培育新型职业农民的发展方向。2014 年国务院及有关部门相继出台了相关文件，使新型职业农民培育工作更加健康有序，使新型职业农民得到更多实惠，这将进一步调动新型职业农民从事农业生产的积极性和主动性，有力地促进我国农业经济的发展。

　　本书从了解新型职业农民基础知识入手，介绍了新型职业农民的培育方法、认定程序，选编了国家和地方的扶持政策，列举了试点县的典型案例等。由于我国新型职业农民培育工作刚刚起步，政策在不断完善，加之编者水平有限，时间仓促，书中有不当之处，欢迎读者批评指正。

编　者

2014 年 6 月

目 录

第一章 新型职业农民基础知识

第一节 新型职业农民产生的背景

大力培育新型职业农民，是党中央国务院站在"三化"同步发展全局，解决未来"谁来种田"问题做出的重大决策，抓住了农业农村经济发展的根本和命脉。我国目前正处于传统农业向现代农业转变的关键时期，大量先进农业科学技术、高效率农业设施装备、现代化经营管理理念越来越多地被引入到农业生产的各个领域，这就迫切需要高素质的职业化农民。然而，长期的城乡二元结构，农民成为了生活在农村、收入低、素质差的群体，成了贫穷的"身份"和"称呼"，而不是可致富、有尊严、有保障的职业。在工业化、城镇化的发展进程中，农民们发现，他们一样可以到城市挣钱，特别是青年农民已经彻底放弃农村种田，虽然在城市扎不下根，但仍然愿意留在城市，除非老了、干不动了，才会回到农村种田。从农村出去的大中专学生，甚至农业院校毕业的学生，也不愿意回到农村工作。如果不早做准备，及时应对，今后的农村将长期处于老龄化社会，今后"谁来种田"问题绝不是危言耸听。因此，必须要进行一系列制度安排和政策跟进，一方面引导优秀的人才进入农村；另一方面大力发展农民教育培训事业，培养新型职业农民。对于新型职业农民，国家要加大政策扶持力度。要有一个强烈的信号，让他们有尊严、有收益、多种田、种好田。要通过规模种植补贴、基础设施投入、扶持社会化服务等来引导提高农民职业化水平。在政策上必须要从补贴生产向补贴"职业农民"转变，在制度上必须建立"新型职业农民资格制度"，科学设置"新型职业农民"资格的门槛。

一、农村劳动力现状

随着城镇化的迅速发展，大量农村劳动力从农业转向非农业，从乡村流动到城镇，农户兼业化、村庄空心化、人口老龄化趋势明显。在一些地方，转移出去的农民工 72% 是"80 后"、"90 后"的青壮年劳动力，其中，76% 表示不愿意再回乡务农，85% 从未种过地。2012 年我国农民工数量达到 2.6 亿，每年还要新增 900 万~1 000 万，大量青壮年外出务工。据陕西调查：有 26% 的举家外出农户，20% 留守农户，转移比例平均 60%，高的 70%~80%。据 2013 年《中国农民工调研报告》显示，目前我国农村劳动力中接受过初级职业技术培训或教育的占 3.4%，接受过中等职业技术教育的占 0.13%，而没有接受过技术培训的高达 76.4%。据河南从务农劳动力的文化程度、性别比例、年龄结构、从业状况和培训调查情况看，具体表现为"五多五少"：一是文化程度低的多，文化程度高的少。小学以下文化程度的占 31%，初中文化程度的占 59%，高中以上文化程度的占 10%；二是女性劳动力多，男性劳动力少。女性劳动力所占比重为 63%，比男性劳动力高 26 个百分点；三是年龄大的多，青壮年少。45 岁以上占 60%；四是兼业农民多，专业农民少。多数务农农民农忙时在家务农，农闲时外出打工。五是未受过系统培训的多，接受过系统培训的少。接受过系统培训的农民仅占务农农民总量的 5%。造成上述状况的原因主要是外出务工的经济收入远高于务农的收入，致使大批文化程度较高的青壮年农民转移到二三产业就业，而且这一趋势随着国家工业化、城镇化的推进，还将继续下去。

二、未来农村谁来种地

鉴于大批文化程度较高的青壮年外出务工，目前，我国农业劳动力供求结构进入总量过剩与结构性、区域性短缺并存的新阶段。关键农时缺人手、现代农业缺人才、新农村建设缺人力问题日趋凸显，"谁来种地"、"地如何种"事关 13 亿人的饭碗，事关农业可持续发展。培育新型职业农民，确保国家粮食安全和重要农产品的有效供给，解决 13 亿人口的吃饭问题，是治国安邦的头等大事。2004—2013 年，我国粮食生产实现历史性的"十连增"，但主要农产品供求仍然处于"总量基本平衡、结构性紧缺"的状况。随着人口总量增加、城镇人口比例上升、居民消费水平提高、农产品工业用途拓展，我国农产品需求仍呈刚性增长。习近平总书记强调，中国人的饭碗要牢牢端在自己手里。要保障一个国家的农业安全，造就一大批高素质的农业劳动者和经营者是一项重大战略选择。正像习近平总书记指出的"农村经济社会发展，说到底，关键在人。没有人，没有劳动力，粮食安全谈不上，现代农业谈不上，新农村建设也谈不上，还会影响传统农耕文化保护和传承。"如何提高我国的农业综合生产能力，让十几亿中国人吃饱吃好、吃得安全放心，最根本的还是要依靠农民，特别是要依靠高素质的新型职业农民。我国目前农业构成是传统农业、口粮农业和市场化、专业化、商品化程度较高的现代大农业并存，而且这样并存的格局将在相当长的时间段存在。只有加快培养一代新型职业农民，不断提升农民队伍的整体素质，我国农业问题才能得到根本解决，粮食安全才能得到有效保障。

三、培育新型职业农民刻不容缓

最早提出新型职业农民培养是 2005 年底，农业部《关于实施农村实用人才培养百万中专生计划的意见》文件，第一次提出培养职业农民这个概念。文件指出，培养对象是：农村劳动力中具有初中（或相当于初中）及以上文化程度，从事农业生产、经营、服务以及农村经济社会发展等领域的职业农民。

2006 年初，农业部提出要由农业院校和农民培训机构，招收 10 万名具有初中以上文化程度，从事农业生产、经营、服务及农村经济社会发展等领域的职业农民，培养成有文化、懂技术、会经营的农村专业人才。

2007 年 1 月，《中共中央国务院关于积极发展现代农业扎实推进社会主义新农村建设的若干意见》提出培养有文化、懂技术、会经营的新型农民。

2007 年 10 月，新型农民的培养写进"十七大"报告。职业农民、新型农民概念的提出，是新农村建设理论和实践领域的重大创新。

新型农民与职业农民的内涵既有区别，也有联系。新型农民泛指从事现代农业的农民，强调的是一种身份，而不是一种职业；职业农民范围较小，专指从事农业生产和经营，以获取商业利润为目的的独立群体，是一种职业。职业农民是新型农民的一个组成部分。

2012 年中央 1 号文件聚集农业科技，着力解决农业生产力发展问题，明确提出大力培育新型职业农民。同年 8 月农业部在安徽召开会议，部署新型职业农民培育试点工作，新型职业农民培育工作就此拉开序幕。会议要求各级农业部门把培育新型职业农民作为重要职责，积极争取当地政府和有关部门的重视和支持，将其放在三农工作的突出位置，采取有力措施，培养和稳定现代农业生产经营者队伍，壮大新型生产经营主体。

2014 年的中央农村经济工作会议，对农村改革提出了明确要求。大力培育新型职业农民，是深化农村改革、增强农村发展活力的重大举措，也是发展现代农业、保障重要农产品有效供给的关键环节。而新型职业农民是以农业为职业，具有一定的专业技能，有一定生产经营规模，收入主要来自农业的现代农业从业者。

2014年3月教育部办公厅 农业部办公厅下发了《中等职业学校新型职业农民培养方案试行》的通知，以服务现代农业发展和社会主义新农村建设为宗旨，以促进农业增效、农民增收、农村发展为导向，以全面提升务农农民综合素质、职业技能和农业生产经营能力为目标，深入推进面向农村的职业教育改革，加快培养新型职业农民，稳定和壮大现代农业生产经营者队伍，为确保国家粮食安全和重要农产品有效供给、推进农村生态文明和农业可持续发展、确保农业后继有人、全面建成小康社会提供人力资源保障和人才支撑。年龄一般在50岁以下，初中毕业以上学历（或具有同等学力），主要从事农业生产、经营、服务和农村社会事业发展等领域工作的务农农民以及农村新增劳动力。招生重点是专业大户、家庭农场经营者、农民合作社负责人、农村经纪人、农业企业经营管理人员、农业社会化服务人员和农村基层干部等。培养具有高度社会责任感和职业道德、良好科学文化素养和自我发展能力、较强农业生产经营和社会化服务能力，适应现代农业发展和新农村建设要求的新型职业农民。

第二节　培养新型职业农民的重要意义

大力培育新型职业农民，是深化农村改革、增强农村发展活力的重大举措，也是发展现代农业、保障重要农产品有效供给的关键环节。充分认识新型职业农民培育的重要性、紧迫性，对加快推进新型职业农民培育工作有着重要意义。培育新型职业农民就是培育"三农"的未来，这是一件使农民由身份转变为职业称谓的历史性工作，是一件推动职业农民在广大农村引领农业现代化的工作,利在当代,功在千秋。

一、确保国家粮食安全和重要农产品有效供给,迫切需要培育新型职业农民

解决13亿人口的吃饭问题,始终是治国安邦的头等大事。近年来,我国粮食生产实现历史性的"十连增",棉油糖、肉蛋奶、果菜鱼等全面发展,农产品市场供应充足、品种丰富、价格稳定,为经济社会稳定发展提供了基础支撑。我们成功解决了13亿人口的吃饭问题,但要把饭碗牢牢端在自己手里,仍然面临很大压力,主要农产品供求仍然处于"总量基本平衡、结构性紧缺"的状况。随着人口总量增加、城镇人口比重上升、居民消费水平提高、农产品工业用途拓展,我国农产品需求呈刚性增长。据预测,今后一段时间我国每年大体增加粮食需求100亿千克、肉类80万吨。我们可以更多利用国际市场、国外资源,但国际农产品市场起伏不定,世界粮食安全形势不容乐观,依靠进口调剂余缺的空间有限。习近平总书记强调,中国人的饭碗要牢牢端在自己手里,我们自己的饭碗主要装自己生产的粮食。今后中国提高农业综合生产能力,让十几亿中国人吃饱吃好、吃得安全放心,最根本的还得依靠农民,特别是要依靠高素质的新型职业农民。只有加快培养一代新型职业农民,调动其生产积极性,农民队伍的整体素质才能得到提升,农业问题才能得到很好解决,粮食安全才能得到有效保障。

二、推进现代农业转型升级,迫切需要培育新型职业农民

当前,我国正处于改造传统农业、发展现代农业的关键时期。农业生产经营方式正从单一农户、种养为主、手工劳动为主,向主体多元、领域拓宽、广泛采用农业机械和现代科技转变,现代农业已发展成为一、二、三产业高度融合的产业体系。要求全面提高劳动者素质,随着传统小农生产加快向社会化大生产转变，现代农业对能够掌握应用现代农业科技、能够操作使用现代农业物质装备的新型职业农民需求更加迫切。近年来，一是农业技术装备水平不断提高。2012年农业科技进步贡献率达到54.5%，耕种收综合机械化水平达到57%，标志着我国农业发展已进入主要依靠科技进步的新轨道，农业生产方式由几千年来以人力畜力为主转入以机械作业为主的新阶段。但我国农业劳动生产率仍然偏低，仅相当于第二产业的1/8，第三产业的1/4，世界平均水平的1/2。造成这个问题的原因很多，其中，很重要的一条就是支撑现代农业发展的人才青黄不接，农民科技文化水平不高，许多农民不会运用先进的农业技术和生产工具，接受新技术、新知识的能力不强。二是农业产业链拉长。随着较大规模生产的种养大户和家庭农场逐渐增多，农业生产加快向产前、产后延伸，分工分业成为发展趋势，具有先进耕作技术和经营管理技术，拥有较强的市场经营能力，善于学习先进科学文化知识的新型职业农民成为发展现代农业的现实需求。培育新型职业农民加快农民从身份向职业的转变，在推动城乡发展一体化中加快剥离"农民"的身份属性。使培育起来的新型职业农民逐步走上具有相应社会保障和社会地位的职业化路子，使有人愿意在农村留下来搞农业。没有高度知识化的农民，就没有高度现代化的农业。发展现代农业，必然要有与之相适应的新型职业农民。只有培养一大批具有较强市场意识，懂经营、会管理、有技术的新型职业农民，现代农业发展才能呈现另一番天地。同时加大强农惠农富农政策，使培育起来的新型职业农民逐步走上专业化、规模化、集约化、标准化生产经营的现代化路子，使新型职业农民实实在在感受到务农种粮有效益、不吃亏、得实惠。

三、构建新型农业经营体系，迫切需要培育新型职业农民

改革开放以来特别是21世纪以来，我国农村劳动力大规模转移就业，农业劳动力数量不断减少、素质结构性下降的问题日益突出。随着大量农村青壮年劳动力外出转移就业，目前，许多地方留乡务农的以妇女和中老年为主，小学及以下文化程度比重超过50%。占农民工总量60%以上的新生代农民工不愿意回乡务农。今后"谁来种地"将成为一个重大而紧迫的课题。确保农业发展"后继有人"，关键是要构建新型农业经营体系，发展专业大户、家庭农场、农民合作社、产业化龙头企业和农业社会化服务组织等新型农业经营主体。今后一个相当长时期，农村将是传统小农户、兼业农户与专业大户、家庭农场以及农业企业并存的局面，但代表现代农业发展方向的是新型经营主体、职业农民。新型职业农民是家庭经营的基石、合作组织的骨干、社会化服务组织的中坚力量，也是新型农业经营主体的重要组成部分。我国农业的从业主体，从组织形态看就是种养大户、合作社、家庭农场、龙头企业等，从个体形态看就是新型职业农民，新型职业农民就是各类新型经营主体的基本构成单元和细胞。只有把新型职业农民培养作为关系长远、关系根本的大事来抓，通过技术培训、政策扶持等措施，留住一批拥有较高素质的青壮年农民从事农业，吸引一批农民工返乡创业，发展现代农业，才能发展壮大新型农业经营主体。并在坚持和完善农村基本经营制度中，加快培育新型生产经营主体，使培育起来的新型职业农民逐步走上"家庭经营＋合作组织＋社会化服务"新型农业经营体系的组织化路子，以解决保供增收长效机制的问题。

四、确保农业发展"后继有人"，迫切需要培育新型职业农民

大力培育新型职业农民，一是对于加快构建集约化、专业化、组织化、社会化相结合的新型农业经营体系，将发挥重要的主体性、基础性作用。二是有效促进城乡统筹、社会和谐发展，推进重大制度创新和农业发展方式转变。更是有中国特色农民发展道路的现实选择。三是有助于推进城乡资源要素平等交换与合理配置。截至 2012 年底，我国城镇化水平达到 52.6%，仍有约 6.4 亿人口居住在农村，其中，大部分以从事农业生产劳动为主。以四川为例，全省到 2015 年全城镇化水平达到 48% 后，农村人口为 4 600 多万；到 2020 年实现全面小康、城镇化水平达到 51% 后，还会有 4 400 多万农村人口。这些农村人口除一部分劳务输出转移就业外，仍有不少将留在农村从事农业生产。这一庞大群体是我们建设现代农业和实现农业现代化的主体力量，既是发展主体，就应当是受益主体。因此，在现代农业发展路径的选择上，必须从这个实际出发，特别是要围绕维护农民权益、促进尚留在农村土地上的农民增收、实现农村全面小康这个核心来思考、来谋划。具体说，就是要在稳定家庭承包经营制度基础上，通过创新农业生产组织方式，以新型农民为主体发展现代农业和农业产业化经营，使组织起来的农民真正成为建设主体和受益主体，使现代农业发展的过程成为农民增收致富奔小康的过程。

五、构建与农业现代化相适应的新型生产关系，迫切需要培育新型职业农民

培育新型职业农民是要从根本上解决好农业现代化进程中的"谁来种地"、"如何种地"、"让谁受益"等关键问题，同步构建完善与农业现代化相适应的新型农村生产关系。以适度规模经营为路径，走"大基地、小业主"的路子，解决好"农民以什么组织方式种地"的问题。发展现代农业，新型职业农民必须按规模化、标准化的要求来种地。但这种现代农业的规模化主要是宏观区域布局上优势主导产业的规模化，而不是追求微观组织上户均种植的规模化或单位种植的规模化。实行"大基地、小业主"模式，一是在产业布局层面，根据资源气候条件、产业基础和市场前景，发展特色优势主导产业；建设一批区域特色鲜明、市场竞争力强的现代农业产业基地强县，打破土地的村、组、户界限，实现集中连片发展，形成若干规模化的产业集中发展区。二是在生产组织层面，完善以专业合作组织和社会化服务体系为纽带的统分结合双层经营机制，按照标准化要求进行家庭适度规模的种植养殖。

第三节　新型职业农民的内涵

一、新型职业农民的表述

广义上讲，职业是人们在社会中所从事的作为谋生的手段。从社会角度看职业是劳动者获得的社会角色，劳动者为社会承担一定的义务和责任；从人力资源角度看职业是指不同性质、不同形式、不同操作的专门劳动岗位。所以，职业是指参与社会分工，用专业的技能和知识创造物质或精神财富，并获取合理报酬、丰富社会物质或精神生活的一项工作。从我国农村基本经营制度和农业生产经营现状及发展趋势看，新型职业农民是指以农业为职业、具有一定的专业技能、收入主要来自农业的现代农业从业者。新型职业农民首先是农民，从职业意义上看，是指长期居住在农村，并以土地等农业生产资料长期从事农业生产的劳动者。且要符合以下 4 个条件：一是占有（或长期使用）一定数量的生产性耕地；二是大部分时间从事农业劳动；三是经济收入主要来源于农业生产和农业经营；四是长期居住在农村地区。与传统农民不同，新型职业农民除了符合以上的 4 个条件以外，还必须具备以下 3 个条件：一是市场主体。传统农民主要追求维持生计，而新型职业农民则充分地进入市场，并利用一切可能的选择使报酬最大化，一般具有较高的收入。二要具有高度的稳定性，把务农作为终身职业，而且后继有人，不是农业的短期行为。三要具有高度的社会责任感和现代观念，新型职业农民不仅有文化、懂技术、会经营，还要求其行为对生态、环境、社会和后人承担责任。

新型职业农民是伴随农村生产力发展和生产关系完善产生的新型生产经营主体，是构建新型农业经营体系的基本细胞，是发展现代农业的基本支撑，是推动城乡发展一体化的基本力量。新型职业农民是相对传统农民、身份农民和兼职农民而言的，是一个阶段性、发展中的概念。与传统农民相比较具有两大鲜明特征：高素质、高技能、高收入。

二、新型职业农民应具备的几方面

（一）基本素质

1. 要有新观念

主体观念、开拓创新观念、法律观念、诚信观念等。

2. 要有新素质

科技素质、文化素质、道德素质、心理素质、身体素质等。

3. 要有新能力

发展农业产业化能力、农村工业化能力、合作组织能力、特色农业能力等。

（二）基本要求

1. 要有社会责任感

2. 要有诚信意识

3. 要有创业能力

（三）基本条件

1. 有文化

2. 懂技术

3. 会经营

三、新型职业农民的主要类型

新型职业农民可以划分为3类：主要包括生产经营型、专业技能型和社会服务型。生产经营型职业农民，是指以农业为职业、占有一定的资源、具有一定的专业技能、有一定的资金投入能力、收入主要来自农业的农业劳动力。主要是指生产经营大户，如种植、养殖、加工、农机等专业大户、家庭农场主、农民合作社带头人等。专业技能型职业农民，是指在专业合作社、家庭农场、专业大户、农业企业等新型农业经营主体较为稳定地从事农业劳动作业，并以此为主要收入来源，具有一定专业技能的现代农业劳动力。主要是农业工人、农业雇员等。社会服务型职业农民，是指在经营性服务组织或个体直接从事农业产前、产中、产后服务，并以此为主要收入来源，具有相应服务能力的现代农业社会化服务人员，主要是农机手、植保员、防疫员、沼气工、水利员、农村信息员、园艺工、跨区作业农机手、村级动物防疫员、农产品经纪人等。

第四节　新型职业农民的认定

新型职业农民的认定重点和核心是生产经营型，以县级政府为主认定。专业技能型和社会服务型，主要通过农业职业技能鉴定认定。

一、基本原则

新型职业农民的认定是一项政策性很强的工作，要坚持以下基本原则：一是政府主导原则。由县级以上（含县级）人民政府发布认定管理办法，明确认定管理的职能部门。二是农民自愿原则。充分尊重农民意愿，不得强制和限制符合条件的农民参加认定，主要通过政策和宣传引导，调动农民的积极性。三是动态管理原则。要建立新型职业农民退出机制，对已不符合条件的，按规定及程序退出，并不再享受相关扶持政策。四是与扶持政策挂钩原则。现有或即将出台的扶持政策必须向经认定的新型职业农民倾斜，并增强政策的吸引力和针对性。由县级政府发布认定管理办法并作为认定主体，县级农业部门负责实施。

2012 年农业部启动实施了新型职业农民培育试点工作，要求试点县把专业大户、家庭农场主、农民合作社带头人，以及回乡务农创业的农民工、退役军人和农村初高中毕业生作为重点培养认定对象，选择主导产业分批培养认定。

二、认定条件

在进行新型职业农民认定时，要制定新型职业农民认定管理办法，主要内容应明确认定条件、认定标准、认定程序、认定主体、承办机构、相关责任、建立动态管理机制。生产经营型职业农民是认定重点，要依据"五个基本特征"，在确定认定条件和认定标准时充分考虑不同地域、不同产业、不同生产力发展水平等因素。重点考虑 3 个因素：一是以农业为职业，主要从职业道德、主要劳动时间和主要收入来源等方面体现；二是教育培训情况，把接受过农业系统培训、农业职业技能鉴定或中等及以上农业科技教育的作为基本认定条件；三是生产经营规模，主要依据以家庭成员为主要劳动力和不低于外出务工收入水平确定生产经营规模，并与当地扶持新型生产经营主体确定的生产经营规模相衔接。

三、认定标准

生产经营型职业农民的认定标准，实行初级、中级、高级"三级贯通"的资格证书等级，认定标准包括文化素质、技能水平、经营规模、经营水平及收入等方面。

初级：经教育培训（培养）达到一定的标准，经认定后，颁发由农业部统一监制、地方政府盖章的证书。

中、高级：已获得初级持证农民或其他经过培育达到更高标准的，经认定后颁发证书。

2012 年 8 月开始实施的新型职业农民培育工作试点县，新型职业农民证书暂由县级政府印制盖章。

专业技能型和社会服务型职业农民的认定标准，按农业职业技能鉴定不同类别和专业标准认定。颁发由人力资源和劳动保障部及鉴定部门盖章的证书。

我国地域广阔、地大物博，气候条件、生产环境、生产能力、经济水平、产业现状等差异很大，新型职业农民的认定标准由各地根据其具体条件和实际情况制定。部分试点县认定管理办法详见附录。

第二章　新型职业农民的培育

以加强教育培训为抓手，着力培养有文化、懂技术、会经营的新型职业农民，解决好"谁来种地"的问题。现代农业发展需要一大批掌握农业先进适用技术、能从事标准化生产的劳动者，这既是发展现代农业的重要组织基础，也是坚持新型职业农民主体地位的重要条件。在培育新型职业农民的进程中，一是要围绕推进规模化、标准化生产，通过对农村劳动力开展现代农业科学知识、生产技术的培训，提高新型职业农民从事现代农业生产的技能水平。二是要围绕发展适度规模经营，加强实用技术培训、创业能力培训，着重经营管理能力的培养，引导和支持其发挥示范作用，带动更多农民积极发展现代农业产业，共同参与利益分配。三是围绕职业农民全面综合素质的提升，根据其生产特点，实施系统职业教育。

第一节　培育新型职业农民的路径

随着农业和农村的加速转型，新型职业农民对中职教育具有旺盛需求。与传统农业相比，现代农业是现代科技集约的农业，要求从业者具有较高的文化和技术素质。但从我国农业从业者的水平现状来看，总体上文化程度普通偏低。据 2013 年《中国农民工调研报告》显示，目前，我国农村劳动力中接受过初级职业技术培训或教育的占 3.4%，接受过中等职业技术教育的占 0.13%，而没有接受过技术培训的高达 76.4%。几乎 90% 的农村留守劳动力都希望继续接受教育。尤其是近年来不断涌现的家庭农场、种粮大户等新型农业经营主体，特别渴望能在农业生产、经营、销售和管理等方面有系统的专业学习。例如，河北省的"送教下乡·新农村建设双带头人培养工程"在 2010 年 2 月启动，截止到当年 10 月份，报名就已突破 50 万人，审核注册 10 万余人。这说明，新型职业农民对中等职业教育的需求总体前景广阔。另一方面，随着职业教育服务面的广泛扩容，中等职业教育成为了培养新型职业农民的最直接、最有效的途径。近年来，我国加大了对农民培训项目的支持，也取得了一定的成效。但是培训绝对不能代替教育。职业农民的典型特征是高素质，不仅需要知识技能，更需要宽广的视野、综合的管理能力、优良的职业道德和诚信的经营意识。一般的普及性培训或简单的"一事一训"，很难有效全面改变培训者的知识结构和能力结构。而有别于农村培训，新型职业农民中等职业教育不仅是全面系统的综合性职业素质教育，而且是一个开放的并具有灵活性的学习体系。它把长期游离于职业教育之外的农村劳动力纳入培养对象，在专业设置上突出农业产业发展的需要，同时还从观念、理念、道德等方面全方位提升农民素质。可以说，"基础性、系统性、专业性"的中等职业教育是当前各地培养"有文化、懂技术、会经营"新型职业农民的最直接、最有效的方式。

一、发达国家培育新型职业农民的经验

从发达国家农业发展的历程来看，各个国家都普遍重视以中等职业教育为手段来培养职业农民，并突出强调培训的专业性和实用性。

美国的中等职业农民培训主要在公立学校内开展。培训对象主要为青年学生和准备务农的青壮年农民。培训方式有 3 种类型，一是辅助职业经验培训，主要以有关生产管理和农业投融资方面的技巧为授课内容；二是"未来美国农民"培训，主要以提高农民的创业能力、领导能力及团队合作能力为授课内容。第三种为农业技术指导。

英国目前有57所农业高等学校，200多个农业培训中心和约2 000所农场职业技术中学，能基本满足不同层次人员的需要。英国的中等职业农民培训学校类型多样，学制种类和学习期限灵活，正规教育与业余培训相互补充，形成了多样化的中等教育培训体系。

法国是由农业部直接管理全国的农业职业学校。农民教育培训体系包括中等农业职业技术教育、高等农业教育和农民职业培训3个部分，每个培训机构具有各自不同的培养目标和培养对象。农民必须接受职业教育，取得合格证书后，才能享受国家补贴和优惠贷款，才具有经营农业的资格。

澳大利亚对于职业培训的标准、评估、认证等方面都有国家相关质量监管部门进行监督，对职业教育培训机构的准入进行专业许可认证，并对整个培训的质量进行过程和结果评估，从而保证接受培训的人员培训的质量。澳大利亚现有180万人注册参加职业培训，占全国人口的8%，几乎是大学注册人数的两倍，主要是工作的成年人和非全日制学生。其中，80%是成年人，20%是青少年（以18岁为标准）。全国有5 600个职业培训机构，60所TAFE学院。职业教育机构可以授予培训证书、专科学历文凭和大专文凭，少数还可以授予学士学位。通过竞争性投标，大多数职业教育课程由TAFE学院承担80%，余下的20%课程由私人培训机构及高中承担。从事农业职业教育与培训的人员全国共计约1万人。

澳大利亚国家技能框架体系主要由三部分组成：职业教育证书框架体系、质量保障框架体系和培训包，这是澳大利亚职业教育的三大支柱，所有教育培训机构都在统一的国家职业教育体系内运行。职业教育与培训改革的重点放在调整国家管理和责任框架体系、修改完善国家职业技术框架体系、增加技术工人数量等方面。在农业方面的培训包有 20~25 个，占前五名的是园艺、农产品、肉类、动物保护和管理、自然资源管理。农业职业教育培训发展的优先领域包括业务规划、市场动态、现代科技的应用，例如，电脑、全球定位系统以及更恰当的农艺管理、现代农场管理、最新农业科技和风险管理技术等。

二、创新培育新型职业农民机制

2014 年 3 月教育部和农业部共同印发了《中等职业学校新型职业农民培养方案试行》的通知，中等职业学校新型职业农民培养方案在全国试行，不仅是确保国家粮食安全的战略举措，也是农民教育的一件大事。在培育新型职业农民的过程中，需要找准职业教育与农民最佳结合点，因地制宜，大胆创新，探索生产经营型、专业技能型和社会服务型"三类协同"的新型职业农民培育制度体系，培育对象要与农业产业发展同步，与新型经营主体发育同步，与农业重大工程项目同步，才能培养出具有高度社会责任感和职业道德、良好科学文化素养和自我发展能力、较强农业生产经营和社会化服务能力，适应现代农业发展和新农村建设要求的新型职业农民。

在培养目标上，以培养具有高度社会责任感和职业道德、良好科学文化素养和自我发展能力、较强农业生产经营和社会化服务能力，适应现代农业发展和新农村建设要求的新型职业农民为目标。根据农业部的规划，我国新型职业农民的规模将达到 1 亿人。

在基本学制上，要充分考虑到农民兼顾学习与生产的实际情况，实行弹性学制，有效学习年限为 2~6 年，总学时为 2 720 学时。完成 2 720 学时、修满 170 学分即可毕业并允许学生采用半农半读、农学交替等方式，分阶段完成学业。这样对于乡村办班来说，有比较充足的时间用于生产实践，农民学生可以负担得起。既兼顾了教学质量，又考虑到农民中等职业教育实际。认可农民学生的学习培训经历、生产技能等，可以折抵学分；强化学生的实践能力的培养，实验实习、专业见习、技能实训、岗位实践等多种实践学习方式均纳入学时认可范围。

在课程设置上，公共基础课的设置要紧密切合农民生产生活实际，突出实用性和针对性，减少与生产经营和农民生活关系不大的理论课；专业核心课和能力拓展课按产业和岗位设置，理论学习与实践实习交互结合，学科知识融入主干课程之中，按照生产环节实行模块化学习。允许根据产业的实际需要和学生自身的生产生活实际适当调整或增开其他课程，通过开放、灵活、互通的课程设置，着力解决新型职业农民教育培养能力素质复合性的问题。

在培养对象上，要从现有的农村劳动力中"挖掘"，依靠地方学习培养"本土化"人才。据农业部调查显示，我国农业劳动力年龄主要集中在 40 岁以上，占全部从事农业生产人数的75.9%，平均年龄接近 50 岁。这些劳动者是我国现代农业建设的主力。因此，结合农业劳动力相应的学习能力以及教学管理，年龄一般在 50 岁以下，初中毕业以上学历（或具有同等学力），主要从事农业生产、经营、服务和农村社会事业发展等领域工作的务农农民以及农村新增劳动力。重点是专业大户、家庭农场经营者、农民合作社负责人、农村经纪人、农业企业经营管理人员、农业社会化服务人员和农村基层干部等。为保证国家粮食安全，支持和鼓励所有务农农民注册学习。

在专业选择上，根据现代农业发展需要和农民生产经营实际需求，充分考虑各区域的农业特色、农民发展需求等因素，制定不同的课程体系。我国地域广阔，各地农业资源禀赋差别较大，农民所面对的发展困境也有很大不同，因此，内容设置上不能搞"一刀切"。一方面，要根据不同培养对象开设不同专业课程。面向农业生产经营大户，重点开展生产技术、经营管理、市场营销等相关内容教育；面向农机手、植保员等技能服务人才，重点开展职业技能训练。另一方面，要根据各地的主导产业和特色产业灵活把握专业设置。例如，河南省夏邑县农业广播电视学校坚持"培育新农民、发展新农业、服务新农村"的思路，创造了"开设一个专业、办好一个教学班、搞好一个生产示范点、培养一批科技骨干、扶植一项支柱产业、致富一方农民"的农民教育模式。围绕市场选产业，根据产业办专业，办好专业促产业；结合农时季节，进专业村、办专业班、讲专业课；发展"一村一品"，有的放矢，课程紧扣生产实际，农民有积极性，有效地促进了农村发展，农业增收，农民致富。这种因地制宜的教育内容，使农民生产需要和现代产业农民的职业资格实现了有效对接。不单包含以往侧重于技术和技能的职业教育培训，而是从观念、理念、道德、技术、能力等方面全方位提升培育新型职业农民素质的系统教育。

在培养方式上，要遵循"农学结合、弹性学制"思路，以分散和灵活多样的方式安排教学计划。实行弹性学制、半农半读，课程学习的选择性与开放性，学分制、强调实践能力等，都适应了在职农民特点，具有多方面的突破。针对农民学习特点，采取集中学习与个人自学相结合，课堂教学与生产实践相结合，脱产、半脱产和短期脱产学习等方式开展新型职业农民教育。还可以送教下乡、巡回走教，把优质教育资源送到农村，把实践课放在田间地方案头、养殖场。农民居住分散、学习要与生产兼顾，这就更需要适应实际，帮助农民做到集中学习与农业生产交替进行，将教学班办到乡村、农业企业、农民合作社、农村社区和家庭农场，重视学用结合、学以致用。

在培育主体上，构建"一主多元"体系，保持和稳定办学特色。各级农业广播电视学校是我国农民教育培训公共服务机构，是公益性农业社会化服务体系的有机组成部分，是农业部门开展新型职业农民教育培训和农村实用人才培养的主力军。新型职业农民的培育坚持"政府主导、行业管理、产业导向、需求牵引"的原则，聚合优势资源，形成以农业广播电视学校、农民科技教育培训中心等农民教育培训专门机构为主体，以农业院校、农业科研院所和农业技术推广服务机构及其他社会力量为补充，以农业园区、农业企业和农民专业合作社为基地，满足新型职业农民多层次、多形式、广覆盖、经常性、制度化教育培训需求的新型职业农民教育培训体系。充分发挥各种农民教育培训资源作用，鼓励和支持相关机构积极参与农民教育培训，形成大联合、大协作、大教育、大培训格局。还要探索合作培育新型职业农民，在部分农业广播电视学校、中高等农业职业院校和农业大学，开展中、高级新型职业农民培育试点。组织开展新型职业农民进高校活动，在新型职业农民培育试点县培养的基础上，遴选一批杰出职业农民代表，选送到农业高校进行高级研修。探索农业新型职业农民培育模式和制度体系。探索依托现代农业示范区、国家农业科技创新与集成示范基地、农业科技园区、农民创业园等平台培育新型职业农民模式。用市场资源培育新型职业农民，鼓励农业企业参与合作培养，探索政府补助、农民（企业）出资的培育模式；开展中法农民教育合作，在高等职业教育、教师出国进修、短期培训方面开展合作。

各级农业广播电视学校在培育新型职业农民过程中，应充分发挥中央、省、市、县农业广播电视学校"四级办学"优势，加强县级农业广播电视学校办学条件建设，保证教育质量。办好固定课堂、流动课堂、田间课堂、空中课堂"四个课堂"，充分发挥校长、专兼职教师、管理人员"三支队伍"的职能作用，总结和推广"送教下乡"、"进村办班"经验，扎扎实实地推进新型职业农民培育。河南省夏邑县是国家第一批新型职业农民培育试点县，多年来，他们坚持"进村办班"，把农民培育办到田间地头，积累了丰富的经验。该县刘店集乡蔬菜种植大户王飞，1999 年 7 月，初中毕业后和其他农村青年一样到外地打工。2004 年他又回到了家乡。其父亲多年来在家里一直种植蔬菜，但规模较小。小王回到家后，决定跟着父亲学技术经营土地。他一方面向父亲请教蔬菜生产技巧，总结蔬菜生产经验，一方面参加了县里举办的绿色证书培训班，学习大棚蔬菜栽培技术和知识。2006 年，小王扩大了蔬菜生产规模，建了 4 个塑料大棚，占地 8 亩。由于种菜技术掌握的越来越熟练，大棚蔬菜的效益逐年提高，一般每亩大棚蔬菜年效益都在 1 万元以上，小王尝到了种植蔬菜的甜头。2010 年春借助河南省农业广播电视学校在当地"送教下乡"和"进村办班"的机会，对现代种植技术专业进行了系统学习，由于学校教学贴近农业生产、教师授课理论联系实际，他进一步掌握了蔬菜种植技术和经营管理知识。更以优异成绩完成学业，获得中等职业教育毕业证书和职业技能资格证书"双证"。小王既有丰富的实践经验，又夯实了理论基础。他经营的土地 2012 年扩大到 105 亩，办起了家庭农场。根据学到的"人无我有，人有我优，人优我转"的市场经济知识，在做好大棚蔬菜的同时，探索发展其他高效种植的路子。2013 年种植大棚蔬菜 30 亩，纯效益 1 万多元以上，收入 30 万元；大棚葡萄 20 亩，纯效益超过了 1 万元，收入 20 万元；优质梨树 30 亩，收入 10 万元；大棚杏树 10 亩，2014 年结果；小杂果 5 亩，2014 年结果；粮食作物 10 亩，每亩年协议 1 000 元，收入 1 万元，2013 年总收入 60 多万元。随着梨树、葡萄树、杏树等进入盛果期，效益将会逐年增加。

王飞的经验也感染了周围青年，不少青年纷纷回家学种地发展大棚蔬菜，推动了当地经济的发展，也为"谁来种地"、"如何种地"探索出新的路子。

三、把握培育新型职业农民和农民职业教育原则

在探索培育新型职业农民实践中，把握农业职业教育的工作重点，从现代农业发展方向看，种养大户、家庭农场、农民专业合作组织等将日益成为农业生产的主力军。而这些新型主体的发展，又必须紧紧依靠高素质的新型职业农民。农业职业教育要适应这种发展趋势，把培育有科技素质、有职业技能、有经营能力的新型职业农民作为中心任务，创新教育教学方式，改革人才培养模式，促进教育与生产实践相结合、与农业产业需求和农民教育培训需求相对接，加快培育一支多层次、多领域、高水平的农业劳动力大军。通过一系列的教育教学改革，着力解决好职业农民教育培训过程中职业教育与产业教育的融合性问题，同时要把握5个原则。

一是坚持服务产业的原则。将农民职业教育与农业产业发展紧密结合，改革传统专业教育为现代产业教育，促进职业教育与产业岗位、教学目标与职业能力、课程内容与职业标准、教学过程与生产实际全面对接和深度融合，加快培养适应现代农业专业化、集约化和规模化生产经营要求的新型职业农民。

二是坚持农学结合的原则。满足农业产业发展和农民生产经营岗位需求，强化重视学用结合、学以致用，做到教学内容与生产实际，教学安排与农时农事，理论教学与实践实习，集中学习与生产实践等紧密结合。采用适合农学交替、半农半读学习方式的学分管理制度，把生产经营技能、职业资格等既有学习成果纳入学历教育学分认定。

三是坚持实用开放的原则。因时因地因人制宜，采取集中授课、现场指导、实践实习跟踪服务相结合的教学方式，突出课程的可选择性和综合性，提供开放性的专业方向和课程体系；实行

弹性学制，为务农农民完成学业提供便利。

四是坚持方便农民的原则。顺应务农农民学习规律，适应农民居住分散、学习与生产兼顾的实际，主要采取"就地就近，送教下乡"等多种方式开展农民职业教育。

五是坚持科学规范的原则。按照职业教育教学规律、农业产业特点和培养新型职业农民的要求，积极吸收借鉴国内外职业教育经验，科学设置专业课程体系，规范以能力培养为核心、突出实践环节的教学方式，建立并完善以学分认定和管理制度为纽带的新型职业农民中等职业教育体系，确保教育教学质量。

第二节　培育新型职业农民的实践

2014 年的中央农村经济工作会议，对农村改革提出了明确要求。大力培育新型职业农民，是深化农村改革、增强农村发展活力的重大举措，也是发展现代农业、保障重要农产品有效供给的关键环节。以下是部分省市培育新型职业农民的做法。

一、河南省：扩大试点培养认定新型职业农民

河南省以生产经营型职业农民为重点，优先选择粮食生产类和菜篮子产品类产业，培养认定一批新型职业农民，破解"谁来种地"难题。近年来，农村职业农民缺乏成为制约现代农业发展的重要因素。据统计，全省农村务农劳动力初中以下文化程度占90.1%，高中以上文化程度占 9.9%，接受过系统培训的仅占务农农民总量的 5%。同时，河南省农民人均纯收入中，家庭经营收入占比已下降到 52.8%，这一比例还呈继续下降趋势。2012年，河南省夏邑县、西平县、许昌县、浚县被农业部确定为全国新型职业农民培育试点，在此基础上，2013 年确认增加固始县等 15 个县作为省级试点，进一步加大培育新型职业农民的力度。

其中，国家级试点县每县培养认定 500～1 000 名、省级试点县每县培养认定 300～500 名新型职业农民。

二、青海省：五项措施培育新型职业农牧民

一是确立了"中职教育"的办学机制，即以各级农业广播电视学校为平台，实行弹性学分、农学交替的办学机制，开展为期 3 年的非全日制成人中等职业教育。在培训对象上逐步由千家万户向具有初中以上文化程度、年龄在 16～50 周岁的种养殖大户、农业企业、农牧民专业合作社、现代农业示范园区经营者和管理者转变；在培训方式上从短期的生产环节培训向产前、产中、产后发展的系统教育培训模式转变；教学方式采用统一教学计划、统一教材、统一教学媒体资源、统一考试考核，通过培训取得中等教育学历证书和技能鉴定证书，为青海省培育职业农民探索路子。

二是青海省职业农民培育工作省级方案下达后，各试点阳光办也制定了各自的实施方案，明确提出按照农民自愿的原则，树立"要我培训为我要培训"的培训理念，与受训农民签订了自愿接受职业农民教育培训合同书，并明确了受训农民的责任义务。按照条件，互助 450 名、乐都 300 名、大通 200 名、格尔木 50 名职业农民培训对象完成了在教育厅的注册。为确保工作健康开展，积极争取财政支持，2013 年共落实省财政配套资金 200 万元。

三是大通县针对农村劳动力特别是青壮年劳动力持续大量转移，农户兼业化、农村新生劳动力离农意愿强、务农人口老龄化、科学文化素质偏低等问题，制订出台了《大通县新型职业农民扶持政策暂行办法》，做到以政策激励人才、吸引人才、培养人才。在县政府的支持下，通过土地置换的方式在原有 700 多平方米教学楼的基础上，新增 1 135 平方米的农业广播电视学校教

学楼已开工建设，完工后能满足新型职业农民教育的各种教学需求，并与3家农业企业和农民专业合作社签订了作为职业农民教育实习基地的协议书，保证了上课有教室，实践有场所；建立了以农业广播电视学校教师为专职教师，聘请农牧系统内具有中高级职称的农业技术人员为兼职教师的大通县农牧民教育培训师资库。

四是为开展好本学期的培训工作，保证优良的师资队伍，学校聘请了一些有丰富经验的专家、教授为学员授课，并根据学员的文化基础整理出由浅渐深、通俗易懂的教案和多媒体课件，保证学员能够听懂、看懂、学懂，学习起来得心应手，从而大大提高了教学质量。

五是青海省把培训作为新型职业农牧民培育工作的基础和着力点，从培训谁、培训什么、怎样培训3个方面突出职业性；把培育与促进特色效益农牧业产业发展结合，培育一批新型职业农民，发展一个区域性特色产业，提升农业产业化水平。

三、石家庄市：从两方面培育新型职业农民

一方面将以提高新型职业农民对现代农业科技吸纳转化应用能力和综合发展能力为核心，以资格认定管理为手段，以政策扶持为动力，积极探索新型职业农民培育制度，进一步发展壮大新型农业经营主体，不断增强农业农村发展活力。

另一方面将分产业并围绕产前、产中和产后发展关键环节设置教学培训课程，以农业科教项目为依托开展培训。研究制定新型职业农民认定管理办法，明确责任主体，对认定的新型职业农民进行动态管理，探索与认定制度相配套的新型职业农民准入及退出机制。

四、晋中市：四项措施培育现代新型职业农民

（一）启动万人新型职业农民培训培育计划

对种养大户、农机大户、合作社带头人、家庭农场经营者、农民经纪人等开展培训，全年培训中高等学校毕业生、退役军人、返乡农民工 2 万人以上，探索制定新型职业农民认定管理办法。

（二）大力扶持专业大户、家庭农场和农民合作社

引导农户采用先进适用技术和现代生产要素，新培育 200 个专业大户；鼓励发展专业合作、股份合作、信用合作等多元化、多类型的农民合作社，培育 30 个省级示范社、50 个市级示范社、80 个县级示范社，打造 10 个旗舰型联合社；培育市级示范家庭农场 50 家、生态庄园 20 家。

（三）支持发展混合所有制农业产业化龙头企业

引导龙头企业领办合作社，支持农民合作社兴办龙头企业，培育壮大加工龙头企业，努力打造榆次金粮、太谷通宝等 5 个以上混合型龙头企业，启动建设山西金谷现代农业投资开发集团有限公司，探索政府出资，设立投融资开发担保公司，发展现代农业的新渠道。

（四）充分发挥农民增收明白卡的促进作用，继续做好增收电子明白卡服务延伸农民增收网店建设试点工作，让这一"利器"为促农增收发挥更大作用

五、绥化市北林区：七种模式培育新型职业农民

绥化市北林区通过集中式、订单式、传导式、典型示范式、实践式、项目推动式、产业规模化"七种模式"培育新型职业农民。

一是在全区内筛选了 300 名学员，开展了为期 5 天的集中教

育培训。培训班邀请东北农业大学、省农业科学院等院校教授重点传授水稻、玉米、西甜瓜高效栽培、茄果类蔬菜及设施蔬菜的现代农业经营理念和栽培技术。

二是把全区主导产业和优势产业较强的 25 个行政村列为项目培训村，其中，10 个玉米高产村，8 个水稻高产村，2 个大豆高产村和 5 个优质蔬菜生产村。每村配备两名专职教师，实行面对面全程跟踪培训和指导，并选聘培训乡镇的农业技术推广站站长及技术骨干为联络员和辅导员，主要针对各村种植特点开展了玉米 110cm 大垄双行栽培、玉米双增双百等先进实用技术的农业技能培训。

三是该区农业技术推广中心借助千里农业示范带这一推广平台，在主要公路沿线千里示范带所在乡村，开展了粮食高产创建、特色经济作物种植、高效设施蔬菜建设等方面的培训。科技人员组成水田、旱田、经济作物、土肥、植保等 5 支助农服务队，严格明确规程化、标准化生产技术，为农民解读千里示范带实例，让更多农民体会到标准化生产的力量。

四是建设了 20 处农业科技园区，包括玉米、水稻、大豆、蔬菜、瓜菜及烤烟等作物。区农业技术推广中心利用农民在科技园区里的所见所闻及切身体会，迅速开展了"学得懂、用得上"的先进技术培训，引导和带动更多的农民依靠科技致富。

五是开办了北林区农民田间学校，辅导员围绕农民生产实际情况设计、组织活动，鼓励和激发农民在生产中发现问题，分析原因，制订解决方案并完成实施，通过实践与实验形式，使农民具备了科学决策的能力，帮助农民将学到的原理运用到日常生产中，使其最终成为现代新型农民或农民专家。

六是依托区承担的粮食丰产工程、测土配方施肥、"国家水稻、西甜瓜产业技术体系"等项目，邀请省内外知名专家，分专业分类别设置了培训内容，对区各乡镇的农业主管领导、农业技术推广工、科技示范户、种田大户和专业技术合作社成员进行了培训，培养和造就了一批懂技术、善沟通、能推广的村级农业技术员和种田"明白人"。

七是利用永安满族镇厢黄三村的鑫诺瓜菜种植合作社对附近4个乡镇的相关农民进行了品种选用、配套栽培、田间管理、农药化肥使用，延后保鲜贮运的全生产周期跟踪式培训。

六、陕西省：全面启动新型职业农民培育计划

一是职业农民培育对象将按照年龄在 16～55 岁、初中以上文化程度、农业职业特征鲜明、收入主要来源于农业、创业激情高等指标选择，并将建立培育对象基础数据库，把那些真正从事农业生产、迫切需要提升素质、具备一定投资能力的农民作为重点培育对象，进一步提高培育对象遴选的精准性。

二是职业农民培训将按照"缺什么补什么"的原则，科学开设公共基础课、专业技能课、能力拓展课和实习操作课四大模块，利用农时季节，实行弹性教学和学分制，采用"半农半读、农学交替"等方式，分阶段完成学业，使其基本达到与初、中、高级职业农民相对应的学历要求，具备所需的专业技能。还将建立农业技术人员与职业农民一对一、一对多的"面对面"指导体系。农业技术人员将每月上门开展 2～3 次政策指导和技术服务。对现代农业园区、专业合作社、龙头企业等新型农业经营主体，推行技术干部派驻制度和大学生助理制度，共同解决生产和发展的实际问题。安排职业农民培育资金 8 000 万元，重点扶持从事粮、果、畜、菜、茶等产业的种养大户、家庭农场、专业合作社、龙头企业等新型经营主体，积极争取设立职业农民创业扶持基金，最大限度地把现有的强农、惠农、富农政策向新型职业农民予以倾斜。

三是以各级农业广播电视学校为主体，启动县级农业广播电

视学校标准化建设,建成一批"固定课堂";发挥各类农业科研院所和农业技术推广机构力量,针对现代农业园区和农业产业化龙头企业,搭建教学实训平台,建成一批"田间课堂";依托陕西农业信息网,加快职业农民培育网、农村视频网、农情信息监测网"三网合一"工程建设,开展远程网络教学,形成一批"空中课堂"。同时,将吸收农业教育、科研、推广机构的专家教授和技术人员组建专业师资团队,开展 10 期以上的职业农民师资和管理人员培训班,加快建设一支数量充足、结构合理、素质优良的指导教师队伍。2014 年省全面启动万名新型职业农民培育计划,做到全省覆盖的农业县区达到 70%、资格认定率达50% 以上,使职业农民逐渐成为推进现代农业发展的中坚力量。

四是把握住选好培育对象、抓好教学培养、搞好帮扶指导、做好资格认定和加大扶持力度 5 个环节,立足我省五大主导产业和区域特色产业,围绕农业生产经营、专业技能、社会服务和新生代 4 种类型,突出种养大户、家庭农场主、青壮年农民、返乡创业农民和农业类大中专毕业生 5 类对象。

五是新型职业农民培育工作将以发展现代农业为主线,以培育新型经营主体为目标,以建设国家级新型职业农民培育试点为抓手,以实施"十百千万"工程为载体,坚持"实际、实用、实效"原则和"培育、认定、管理、扶持"相结合,建设"一主多元"的培育体系,培养一批生产经营型、专业技能型、社会服务型、新生代型职业农民,力争到 2020 年培育出 20 万名职业农民。

七、盐城市:安排专款培育新型职业农民

2014 年,市一级拟安排专项经费 125 万元用于市级新型职业农民培训工作,年内研究出台新型经营主体扶持政策和新型职业农民认定标准,重点在土地流转、财政补助、贷款支持、农业投

人、技术服务和社会保障等方面扶持，吸引外出务工人员、涉农大专院校和中等职业学校毕业生从事农业创业。市县一级将依托县级农业广播电视学校，挂牌成立9个农民科技教育培训中心；市一级，在市生物工程学校建立全市职业农民教育培训中心。此外，还将依托农业园区、农业企业和农民合作社，挂牌建立20个新型农民实训基地，培育壮大一批生产精英型、专业技能型、社会服务型的职业农民队伍，全市将培养认定新型职业农民500人，其中，生产经营型200名，专业技能型200名，社会服务型100名。

2014年，东台成为盐城市唯一一家被确定为省级新型职业农民培育试点的县（市）。市农委鼓励其他县（市、区）可选择一个镇进行试点，先行对新型职业农民认定标准、资格认定组织好和资格认定管理进行探索，及时总结推广。市农委也将组织开展全市新型职业农民情况调研，重点对全市家庭农场、种养大户、农民专业合作组织发展情况调查摸底，汇总形成全市100家家庭农场、1 000个农民专业合作组织、10 000个种养大户名册。

八、泗洪：土地流转向家庭农场倾斜

江苏省泗洪县魏营镇的家庭农场主刘兴有件大喜事，"俺的油桃示范园获得江苏省高效设施农业补助资金100万元，前不久一直发愁的资金终于有着落了。"他激动地指着省里的批复告诉笔者。这是泗洪县继农民专业合作社、农业龙头企业等农业经营主体后，家庭农场获得省级财政资金补助的首家农场。

2014年，泗洪县在坚持承租主体多元化的基础上，突出扶持当地能人大户合股经营。笔者从当地农工办获悉，截至目前，该县累计土地流转108.38万亩（15亩＝1公顷。全书同），其中，合作社5.91万亩、企业13.83万亩、家庭农场及大户88.64万亩。其中，家庭农场998个，家庭农场成了土地流转的主力

军。以该县太平镇为例，太平镇目前已经流转的3万多亩土地，除淮海农场1万亩属国企经营，其余25 000多亩都是家庭农场。截至10月底，该镇已上报注册家庭农场20家，其中，来自秦皇岛、盐城、扬州的外地客商5家，承租总面积约11 000亩；本地大户15家，平均每家承包面积900亩以上。

家庭农场的经营模式，确实带来了意想不到的好处，该县许台村盐城客商万影的500亩水稻单产高达750kg，太平居委会秦皇岛客商马春利的1 000亩春山芋平均亩产3 500kg，全都打破了当地历史记录，而且所有家庭农场都要就近雇佣一大批劳力半劳力干农活，每天工资都在100元左右，形成了家庭农场带动低收入农户脱贫致富的双赢局面。"土地流转以后，以前的岗坡地修成了整齐的条田，水利配套齐全，俺承包了580亩地，主要就是稻麦轮作，从播种、施肥、打药到收割全程机械化作业，既提高了效率又增加了产量，机器都是在农机合作社租的，劳动力不够就从村里的劳务合作社里招。"该县上塘镇垫湖村37岁的家庭农场主祖侠向笔者介绍。像这样的家庭农场在泗洪其实远不止998个，还有许多没有注册的家庭农场，由于祖祖辈辈靠地生活的习惯，土地流转后他们承包了几百亩地，身份从农民变成了家庭农场主。

随着各种政策的扶持，家庭农场逐步成为农业财政资金新的投资方向。该县土地流转整整两年，家庭农场已打出半壁江山，事实证明，家庭农场已成为土地流转的"顶梁柱"。

第三节　培育新型职业农民的机遇

2011年，教育部、农业部等9个部门文件提出"农村职业教育要大力培养现代农业专业人才、经营人才、创业人才和新型农民；农村成人教育要积极开展农村实用技术培训、农村劳动力转移培训和农民学历继续教育，提升农村主要劳动年龄人口就业创业能力"。2012年，教育部与农业部联合立项启动了新型职业农民教育培养重大问题研究。而此次两部委联合印发《培养方案》就是探索建立一种符合农业产业生产经营实际、适合农民生产生活特点、符合职业教育规律的新型职业教育形式，它标志着中等职业教育率先向一线成年务农农民开放，是我国教育史上的重大事件，是确保国家粮食安全的战略举措。《培养方案》的出台，首次将新型职业农民培育纳入我国中等职业教育体系，对加快培育新型职业农民、推进现代农业发展意义重大。

首先，培养出合格的农民是国家农业安全的重要基础。解决好吃饭问题始终是国家的头等大事，习近平总书记明确指出，中国人的饭碗任何时候都要牢牢端在自己手上。要保障一个国家的农业安全，造就一大批高素质的农业劳动者和经营者是一项重大战略选择。农业离不开农民，我们面临的现实是不仅农民数量萎缩，而且素质堪忧。农村青壮年农民急剧减少，农业劳动力老龄化严重，"未来谁种地"备受全社会关注。因为没有人，农业安全就是一句空话。正像习近平总书记指出的，"农村经济社会发展，说到底，关键在人。没有人，没有劳动力，粮食安全谈不上，现代农业谈不上，新农村建设也谈不上，还会影响传统农耕文化保护和传承。"正因如此，吸引有志于农业的年轻人务农，把他们培育成有文化、懂技术、会经营的新型职业农民就显得尤为重要。

其次，中等职业教育率先向成年务农农民开放，是我国教育史上的重大事件，将对我国教育支农工作产生深远影响。以往的职业教育大都是以转移农业劳动力为目标，即使是涉农专业的学生也很少回到农村从事农业生产。教育在某种程度上变成了加速农业和农村衰落的工具。中等职业学校新型职业农民培养方案把正在务农的农民作为培养对象，真正实现了培养"留得住、用得上"的农业人才的目标。特别是把学员年龄上限设置在了50岁，是尊重农业农村现实的体现。我们调查显示，40～50岁的农业劳动力群体，不仅是农业劳动力的主体部分，而且对农业知识的渴望和需求最强烈，他们中的很多人珍惜土地，热爱农村，对农业具有十分深厚的感情，具有丰富的农业生产经验，其中，不少人已经成为专业大户、家庭农场主或合作社的带头人。通过系统的专业培养，不仅可以提高该群体的农业发展能力，也可以很好地发挥中年农民在传承农业与农村文化过程中的纽带作用，通过他们影响和带动年轻人。

最后，培育新型职业农民是提高农民地位的重要措施。年轻人不愿做农民除了农业辛苦、收入低等因素外，还在于农民的社会地位低下，被人认为"没出息"的人才留在农村当农民。把农民纳入中等职业教育系列，提高农民素质的同时，也提高了农民的自豪感、自信心和社会地位。它向社会表明了这样一种姿态：不是什么人都可以当农民的，农民与其他技术岗位一样，同样需要系统知识、技术能力以及相应的学历资格。中等职业学校培养新型职业农民是吸引青年人学农务农的有效手段。未来的农业应该成为对年轻人有吸引力的职业之一，按照习总书记提出的"农业应该成为大中专院校毕业生就业创业的重要领域。要制定大中专院校特别是农业院校毕业生到农村经营农业的政策措施，鼓励、吸引、支持他们投身现代农业建设。"的要求，加快建立以中高等农业职业院校、农业广播电视学校、农民科技教育培训中心等机构为主体，农业技术推广服务机构、农业科研院所、农业大学、农业企业和农民合作社广泛参与的新型职业农民教育制度，是增强农业吸引力的重要方面。

《培养方案》规定实行弹性学制、半农半读，课程学习的选择性与开放性，学分制、强调实践能力等，都适应了在职农民特点，具有多方面的突破。但是也应该看到，培养新型职业农民在我国还是一种新生事物，特别是对在职农民进行系统的学历教育，没有现成的模式可以遵循。各类职业院校和农民培训机构，应该根据《培养方案》中所提出的原则、目标、课程体系和教育形式，结合当地的实际进行探索和创新，根据文件精神，在实施新型职业农民教育过程中处理好3种关系。

第一，处理好教育与培育的关系。新型职业农民的形成不仅需要教育，而且需要农业制度环境。制度环境包括了十分丰富的内容，如新型职业农民可以通过流转获得生产性用地，生产过程中能获得的支持与帮助，完善的农业社会化服务体系，农业补贴制度以及农业政策保险等。没有适合新型职业农民成长的农业制度环境，就难以构成对新型职业农民的吸引，教育新型职业农民也就无从谈起。有人认为，新型职业农民的教育对象应该是初中毕业的青年人，问题在于这些人是不是有农业生产的环境条件和从事农业的愿望。如果我们培养的人不愿意从事农业，或者想从事农业但是没有从事农业的条件，对教育来说就是一种浪费。因此，对正在务农的人群中开展新型职业农民的教育，是最为可行的方式。新型职业农民的典型特征是高素质，不仅需要知识技能，更需要宽广的视野、综合的管理能力、优良的职业道德和诚信的经营理念。这需要长期持续的系统教育过程。由此可见，仅有职业农民形成的农业制度环境是不够的，新型职业农民不会自动形成。同样，仅有对农民的教育过程也是不够的，因为当人们不能获得从事农业生产的多种资源时也不能成为职业农民。新型职业农民的培育过程，是把对农民的教育和对农民与农业的支持有效结合起来，缺少任何一个方面，都难以培育出合格的新型职业农民。

第二，处理好学历与能力的关系。《培养方案》明确规定，学生在学制有效期限内完成规定的课程学习，考试考核成绩合格，达到规定的毕业学分数，即可获得国家承认的中等职业教育学历，由学校颁发中等职业学校毕业证书。采用弹性学制、灵活的教育方式获得国家承认的学历，对农民综合素质的提升以及社会地位的提高无疑是十分重要的。但是也应该看到，农民是最讲实际的群体，新型职业农民与其他受教育群体显著不同在于，新型职业农民并不是靠这张"文凭"作为进入社会的敲门砖，而是要通过学习获得实实在在经营农业的能力。这就对新型职业农民教育机构提出了不同于一般教育机构的特殊要求。这种特殊性突出表现在要求办学机构具有丰富的办学经验，不仅具有理论教学水平和条件，还要具备解决农民生产和经营实践中具体问题的能力，具备能够进村、入社、到场，把教学班办到乡村、农业企业、农民合作社、农村社区和家庭农场的能力。新型职业农民教育既要强调系统正规，又要强调灵活和实用；既要方便农民学习，也要方便农民之间的交流。要始终把提高农民的综合能力作为教育和考核的主要指标。

第三，处理好依托培养方案与创新课程体系的关系。《培养方案》的制定过程，坚持了服务产业、农学结合、实用开放、方便农民、科学规范等原则，按照职业教育教学规律、农业产业特点和培养新型职业农民的要求，积极吸收和借鉴国内外职业教育经验，科学设置专业课程体系，强调以能力培养为核心、突出实践环节的教学方式，建立并完善以学分认定和管理制度为纽带的新型职业农民中等职业教育体系，是保障新型职业农民教育质量的依据。只有依托培养方案，才能形成协调一致的新型职业农民教育体系，衡量和评估教育质量。同时我们也必须看到，新型职业农民教育是个新事物，农民所从事的农业活动具有综合性特点，传统的专业教育模式难以适应培养新型职业农民的要求。因此，各地农民教育机构应该在《培养方案》指导下，积极创新课程体系，特别要鼓励开发出能够满足新型职业农民需求的综合性课程。如农业概论、家庭农场管理、农业风险规避、农业政策与涉农法规等，都是农民需要的有待开发的综合性课程。综合性课程不是多个专业课程的简单相加与合并，而是要建立自身的概念体系、逻辑体系和独立的思维视角。

　　新型职业农民培育是一项任重而道远的伟大事业，要充分认识到其意义，同时也必须看到其困难。新型职业农民培育是教育部门的重要责任，也是农业部门的重要基础。但是，仅仅靠教育和农业部门的力量还远远不够，需要政府各个部门的协作，需要社会力量的支持，也需要教育机构的大胆创新。只有动员全社会的力量关心农民、关注农业，形成支持农业和尊重农民的社会氛围与合力，才能创造出培育新型职业农民成长的环境。

第三章 新型职业农民的扶持及相关政策

第一节 发达国家扶持职业农民的做法

在由传统农业国家向现代工业化国家转变的过程中，伴随大量农村剩余劳动力向城市转移，许多农业大国都曾经历过务农人群老龄化、女性化、低文化程度化等现象。现代农业发展，离不开农业劳动者素质的提高。一些农业大国在这一领域的做法，为我们提供了多重视角。

一、农民的身份变迁

新型农民是个职业概念，与其他就业者只有职业的分别，没有身份、等级的差别和界限。

1967年，法国著名社会学家孟德拉斯写了《农民的终结》一书。当时，法国正处于城镇化进程飞速发展末期，农业劳动者人口减少，大量青壮年外出，相对于城市市民而言的农民逐步减少、消失。在一代人的时间里，法国目睹了一个千年文明变迁，为社会提供食物的农业劳动者在30年里减少到只有以前的1/3，从1946年到1975年，法国农业劳动力从占总人口的32.6%下降到9.5%。传统农民的终结，自然带来新型农民的诞生。

在英国，从中世纪后期大量农奴演变为自耕农以来，整个自耕农的结构也发生了深刻变化，逐步分化产生了富裕农民和雇工。由于生产规模的逐步扩大，富裕起来的农民已不再是传统意义上的农民，他们生活富足，从事资本主义性质的农业经营，许多人还雇佣部分劳动力，他们的身份甚至与乡绅、骑士等阶层越来越接近，界限也越来越模糊，经济、政治地位不断提高。

纵观世界各国，特别是欧洲、北美洲、亚洲等由传统农业国家演变为现代工业化的国家，他们在工业化和现代化的进程中，农民身份都发生了变迁。农民已完全是个职业概念，指的就是经营农场、农业的人，这个概念与其他职业并列，与其他就业者具有同等的公民权利，只有职业的分别，没有身份、等级的差别和界限。农民身份的转变大都通过两个渠道进行，一是在工业革命早期的剥削农民的道路，通过工业化和机械化促使农民大批破产或失业，促使农村剩余劳动力向城市转移，通过工业化推动农业的规模化和机械化，促进农民职业化的形成。二是工业革命后期的以福利农民的形式保护农民的发展道路。通过立法保护农业和农民，利用强大的经济实力补贴农业和农民，促进职业农民的教育培训，提高素质，催生现代农业和新型农民。

二、获得资格认证的职业农民享受扶持政策

农业生产经营者需有务农资格证书，同时，政府在税收、贷款、土地购买等方面提供诸多补助。

世界各农业大国大都实行农业生产经营资格准入，尤其对规模经营实行农民资格考试，使宝贵的农业资源由高素质的农民使用和经营。同时，高度重视对农民的扶持保护，政府提供低息贷款、购买土地补助、减免税收、养老、医疗等社会保障。

法国是欧盟第一大农业国，农村干净漂亮，农民生活富足悠闲。法国的农民必须具有农业知识，有资格证书才能务农。法国目前约有农民30万人，占总人口的0.5%。他们人均拥有的耕地达50hm^2，不仅享受劳动保险，每年还可抽出一定时间休假。农民每次出售粮食、牛羊等都可凭票获得一定数额的农业补贴，还可以在购买农资时收回部分增值税。法国政府对农业发展的支持，不仅体现在农业补贴政策上和"零农业税政策"上，还体现在社会保障上。通过缴纳养老社会保险以及居住税和土地税，农民可以获得与城市居民一样的社会保障。他们可以免费看病，还可拿到养老金。

英国农业劳动力仅占全国劳动力的 1.4%，农场主得到欧盟和英国政府的补贴，享受着英国的公民福利待遇。在北美和一些亚洲发达国家，农业的主要生产组织形式仍然是家庭农场，农业仍是一个受到高度重视和保护的传统行业。与其他行业如工业、服务业相比，农民所缴纳的税明显要少，除了税收优惠，还有农业补贴、保险补贴，农民和市民已没有身份上的区别。

目前，农业从业者老龄化是世界性趋势，英国农场主平均年龄达到 59 岁，日本已接近 70 岁。欧盟一直关注农民老龄化和培养青年农民问题，在 CAP（共同农业政策）新一轮改革议案中提出，将 2% 的直接支付专门用于支持 40 岁以下的青年农民从事农业。日本《青年振兴法》规定，由政府资助在村镇对青年农民进行培训，从而使农业教育更加正规化、现代化、制度化。法国政府规定，农场主退休前必须找一个年轻农民经营他的土地，否则其土地要通过租赁并购等市场途径转让给周围农场经营；德国采取一系列优惠政策吸引青年人，尤其是大学农科专业毕业生，同等条件下可以优先购买或租赁土地。

三、政府主导，强化职业农民教育培训

强化国家对农民教育培训的干预管理，将提高农民技能、培养职业农民作为推动农业发展的原动力。

许多发达国家同时也是农业大国，在推进农业现代化过程中，虽因资源禀赋不同选择不同的发展道路，但有一个共同点，即采取政府主导，强化国家对农民教育培训的干预管理，将提高

农民技能、培养职业农民作为推动农业发展的原动力。

第一，普遍重视立法，通过立法强化政府干预，对农民教育培训权益提供有力保障。美国既是最发达的农业大国，也是高度法制化国家，有关农民教育培训的立法历史悠久、系统配套。英国《农业教育法》规定，农业就业人员只有在完成11年义务教育后，方可进入农业学校进行1~2年的学习。德国《联邦职业教育培训促进法》规定，农业从业者进岗前必须经过3年的正规职业教育，上岗后在农场还有3年学徒期。法国《农业教育指导法案》规定，农业部负责在全国建立农业教育培训体系，培养农业人才。日本《社会教育法》规定，利用公民馆、图书馆等设施对农村青少年、妇女、成人进行教育。

第二，建立层次分明、衔接贯通的农民教育培训体系，以政府资金投入为主渠道，借助先进的设施装备和现代教育技术，为农民提供免费、方便的终身教育培训服务。如德国具有初、中、高三个层次相互衔接、分工明确的农村职业教育体系。此外，还有50多所农村业余大学，为农民提供终身教育。法国在农业高等职业教育之下，又在全国设有861所普通农业职业技术学校。澳大利亚农业职业教育实行学分制，在学历教育与职业教育之间架起桥梁，建立起文凭、学位与各类资格证书之间的立交桥，有效地利用社会教育资源开展农民教育培训。英国在各产业培训中，唯一能得到政府资助的就是农民教育培训。

第三，推进产教融合、校企结合、农学交替，贴近农业、贴近农民，突出在生产实践中提高农民生产技能和经营决策能力。德国农业职业教育采用的是农业实践和理论教学相结合的"双元制"模式。这种模式保障了学生理论培训与实习交互进行，对学员实习的农场资格也有明确要求。英国要求农业职业院校的教学内容以实用为先，强调实际技能教学，实践与理论教学的比率至少达到4：6，三年制学校实行"夹心式"的工读交替的教学方针和制度。

第二节 国家财政拨款类（综合表式）

为加大对新型农业经营主体的扶持，各级地方政府及有关部门，创设了一批有针对性的扶持政策。

一、养殖业类

项目发布单位	项目名称	支持范围	资金补助数额	往年申报时间
农委、能源办	沼气工程—规模化养殖场、养殖小区、集中供气等项目	规模化养殖场、养殖小区、集中供气等项目	20万~80万元	3~5月
发改委	生猪标准化规模养殖场建设项目	补贴优先用于：粪污处理设施建设、适当安排猪舍建设和完善配套设施设备	10万~80万元	2~3月
	奶牛标准化规模养殖小区（场）建设项目	存栏奶牛200头以上的现有奶牛养殖小区（场），符合乡镇土地利用总体规划，不在法律法规规定的禁养区内	50万~150万元	
农业综合开发办公室	优势特色种养示范专项	以完善畜禽良种扩繁体系为主，重点扶持已有基础的扩建或续建项目。具有良好的经济效益，且辐射带动能力强，促进周边群众增收作用显著	100万元	6~8月
	秸秆养畜联户示范项目	秸秆青贮、氨化、微贮工作开展基础好，有区域扶持政策的地区优先考虑，支持肉牛、肉羊养殖发展的项目优先考虑	100万元	
	畜禽良种繁育项目	以完善畜禽良种扩繁体系为主，重点扶持已有基础的扩建或续建项目。	150万元	

（续表）

项目发布单位	项目名称	支持范围	资金补助数额	往年申报时间
	现代农业园区试点申报立项	规模化标准化畜禽（或水产）养殖基地，组织带动力强的股份合作和专业合作组织、专业大户或家庭	1 000 万~2 000 万元	5 月
财政部	渔业资源保护和转产转业项目	增殖放流、海洋牧场示范区建设、减船转产	200 万~1 500 万元	5 月
	养殖业良种工程拟储备项目	养殖良种工程项目、畜禽良种工厂拟储备项目、水产良种工程拟储备项目	（视具体情况）	9 月
农业部	扶持"菜篮子"产品生产项目-畜牧业	生猪出栏 0.5 万~5 万头；蛋鸡存栏 1 万~10 万只；肉鸡出栏 5 万~100 万只；肉牛出栏 100~2 000 头；肉羊出栏 300~3 000 只	25 万~100 万元	7~8 月
	扶持"菜篮子"产品生产项目-渔业	重点扶持渔业标准化、规模化养殖。养殖规模需达到以下标准：池塘类养殖场池塘面积在 200 亩以上，工厂化养殖水面面积 3 000m^2 以上	20 万~100 万元	

二、种植业类

项目发布单位	项目名称	支持范围	资金补助数额	往年申报时间
供销合作总社、农业综合开发办	农业综合开发产业化经营项目、土地治理项目	种植、养殖基地和设施农业项目；棉花、果蔬、茶叶、食用菌、花卉、蚕桑、畜禽等农产品加工项目；储藏保鲜、产地批发市场等流通设施项目	80 万~160 万元	3 月
科技厅、科委	农业科技成果转化	现代种业、食品加工、饲料、生物农药、农业机械装备、生物质利用与生物能源、林产加工、乡村环保、乡村物流等涉农产业的重大技术成果转化	100 万~300 万元	4 月

（续表）

项目发布单位	项目名称	支持范围	资金补助数额	往年申报时间
农业部	农产品促销项目资金	主要用于组织农产品海外市场促销、开展国内市场产销对接、网络促销、市场开拓等方面	10 万~80 万元	6 月
	国家现代农业示范区旱涝保收标准农田示范项目	选择国家新增千亿斤粮食生产能力规划确定的 800 个产粮大县（场）以外的国家现代农业示范区建设旱涝保收标准农田示范项目	600 元/亩，单项不超过10 000 亩	5 月
	扶持"菜篮子"产品生产项目	重点扶持蔬菜（包括食用菌和西甜瓜等种类），适当兼顾果、茶，每个设施基地 200 亩以上（设施内面积，下同），每个露地基地 1 000 亩以上	5 000 元/亩，不超过 300 万元	7~8 月
	种子工程植保工程储备项目	从事蔬菜集约化育苗 3 年以上、已有年培育蔬菜优质适龄壮苗500 万株以上能力，近 3 年内未出现假劣种苗问题	中央资金500 万元内	5~6 月
财政部	龙头企业带动产业发展和"一县一特"产业发展试点项目	农业基础设施、良种繁育、农业污染物防治、废弃物综合利用和社会化服务体系等公益性项目建设，以及新产品新技术推广应用、农产品精深加工等	500 万~800 万元	10 月
	一般产业化项目扶持	农产品、经济林及设施农业种植、畜禽水产养殖等种植养殖基地，农产品加工，贮藏保鲜、产地批发市场等流通设施	50 万~150 万元	
农业部、财政部	农产品产地初加工补助项目	重点扶持农户和农民专业合作社建设马铃薯贮藏窖、果蔬通风库、冷藏库和烘干房等产地初加工设施	先建后补，视具体情况	9 月
供销合作总社	新网工程	农副产品及农资配送中心、连锁经营网点、批发交易市场改造；农副产品冷链物流系统改造；农副产品及农资市场信息收集与发布、农化服务体系、质量安全服务体系等公益性服务项目	200 万~400 万元	4 月

（续表）

项目发布单位	项目名称	支持范围	资金补助数额	往年申报时间
国家扶贫办	扶贫项目	带动农民增收性强的农产品加工产业	500 万元	不定
农业综合开发办公室	现代农业园区试点申报立项	优质高产粮食生产基地、名特优新经济作物（或林果业）规模种植基地、粮食等农产品精深加工和冷链物流、生态观光休闲农业等各类功能区	1 000 万~2 000 万元	5 月
	中型灌区节水配套改造项目	粮食主产区，灌区位于或跨越农业综合开发县（市、区），灌溉面积为 5 万~30 万亩	单个项目的总费用不超过 2 000 万元	8 月
	农业综合开发产业化经营项目	种植、养殖基地和设施农业项目；棉花、果蔬、茶叶、食用菌、花卉、蚕桑、畜禽等农产品加工项目；贮藏保鲜、产地批发市场等流通设施项目	300 万元	6 月底
	农业综合开发专项-园艺类良种繁育及生产示范基地项目	品种具有明显的比较优势、特色优势和出口优势。具有良好的经济效益，且辐射带动能力强，促进周边群众增收作用显著	150 万元	6~8 月
各省发改委、商务厅	冷链物流和现代物流项目	仓储设施、运输工具	100 万元	7 月底前

三、土地类

政策发布单位	项目名称	支持范围	往年申报时间
农业部	2012 年农村土地承包经营权登记试点项目指南的通知	主要用于承包地块面积测量、绘制空间位置图及数字化支出，土地承包经营权证书、承包合同印制支出；土地承包经营权登记档案管理等相关支出	2012 年 5 月 29 日

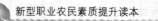
（续表）

政策发布单位	项目名称	支持范围	往年申报时间
国家农业综合开发办公室	中央财政农业综合开发存量资金土地治理项目	土地治理项目建设继续按照"统筹规划、集中连片、规模开发"的原则确定治理面积	10月
国土资源部	2014国土资源公益性行业科研专项	根据国土资源行业发展的实际需求，加强土地资源、矿产资源、地质环境等领域科技创新，强化高新技术成果的应用、转化与推广，支撑保发展与保红线	2013年4月
	关于开展2013年度全国土地变更调查与遥感监测工作的通知	2013年度全国土地利用实际变化情况，持续更新全国土地调查数据，实施最严格的耕地保护和节约集约用地等土地管理制度	2013年11月22日
	下放部分建设项目用地预审权限的通知	涉及国家发展改革委下放12类企业投资项目的核准权限，取消13类企业投资项目的核准事项，调整管理方式为备案	2013年10月8日
	开展农村集体土地所有权确权登记发证国家级抽查工作的通知	加快推进包括宅基地和集体建设用地在内的农村集体土地确权登记发证	2013年8月29日
十八届三中全会	《中共中央关于推进农村改革发展若干重大问题的决定》	允许农民以转包、出租、互换、转让、股份合作等形式流转土地承包经营权，发展多种形式的适度规模经营	11月

四、农村金融类

政策发布单位	项目名称	支持范围	往年申报时间
国家发改委	《中央预算内投资补助和贴息项目管理暂行办法》	以投资补助和贴息方式使用中央预算内投资的项目管理，适用本办法	本办法自2013年7月15日起施行
	关于加强小、微企业融资服务，支持小、微企业发展的指导意见	拓宽小、微企业融资渠道，缓解小、微企业融资困难，加大对小、微企业的支持力度	2013年7月23日
	关于进一步降低农产品生产流通环节电价有关问题的通知	生猪、蔬菜生产用电执行农业生产用电价格	2013年6月1日
国家发改委、国务院扶贫办	印发大别山片区区域发展与扶贫攻坚规划的通知	大别山片区区地处安徽、河南、湖北三省交界地带，集革命老区、粮食主产区和沿淮低洼易涝区于一体	2013年2月4日
财政部、科技部	《国家科技计划及专项资金后补助管理规定》	事前立项事后补助、奖励性后补助及共享服务后补助等方式	2013年11月18日
财政部	财政县域金融机构涉农贷款增量奖励资金管理办法	建立和完善财政促进金融支农长效机制	2010年9月
	利用亚洲开发银行贷款农业综合开发项目管理办法	改造中低产田，建设高标准农田，加强农业基础设施和生态建设，改善农业基本生产条件，提高农业综合生产能力	2013年6月6日起执行

（续表）

政策发布单位	项目名称	支持范围	往年申报时间
	中央财政农村金融机构定向费用补贴资金管理暂行办法	补贴条件和标准，补贴资金预算管理，补贴资金申请、审核和拨付，监督管理和法律责任	2010 年 5 月 18 日
国家开发银行办公厅	推荐开发性金融支持农产品加工业重点项目	利用开发性金融大力支持农产品加工业发展，组织实施一批农产品加工重点项目	12 月

第三节　部分省市项目政策（综合表式）

省名称	政策发布单位	项目名称	支持范围	资金补助数额	往年申报时间
吉林省	省农委、省财政厅	"菜篮子"产品生产扶持项目	每个设施蔬菜标准园集中连片 200 亩以上（设施内面积，下同），每个露地蔬菜或水果标准园集中连片 1 000 亩以上	50 万 ~ 100 万元	8 月
		棚膜蔬菜产业专项资金项目	基础产业园区建设、省级棚膜蔬菜标准园区建设、育苗点建设试点	标准补贴基数 2 ~ 6 倍，育苗 3 万棵/栋	5 月
	当地农委	城市冬季设施蔬菜开发试点项目	面积不小于 200 亩（设施内面积）	5 000 元/亩，不超过 300 万元	8 月
山东省	发改委	2014 年经贸领域三个中央投资专项资金	农产品批发市场，物流业调整和振兴项目，重点扶持多式联运、物流园区、超市配送，农产品冷链物流项目	（视具体情况）	11 月

（续表）

省名称	政策发布单位	项目名称	支持范围	资金补助数额	往年申报时间
山东省	农业厅、财政厅	"菜篮子"产品生产果菜项目	每个设施蔬菜基地200亩以上（设施内面积，下同），每个露地蔬菜基地1 000亩以上，每个水果基地1 000亩以上	50万元	8月
	省畜牧兽医局、省财政厅	"菜篮子"产品生产畜产品项目	生猪出栏0.5万~5万头；蛋鸡存栏1万~10万只；肉鸡出栏5万~100万只；肉牛出栏100~2 000头；能繁母牛存栏50头以上，出栏100~2 000头的项目单位，肉羊出栏300~3 000只；能繁母羊存栏200只以上，出栏300~3 000只	30万~60万元	
	省海洋与渔业厅、省财政厅	"菜篮子"产品生产水产品项目	"先建后补"须为渔民专业合作社省级示范社；扶持养殖类型要求池塘养殖水面1 000亩以上，养殖车间10 000m²以上	100万元	
	财政厅	中央财政玉米、水稻和棉花良种补贴项目	玉米每亩10元，水稻、棉花每亩15元的标准进行补贴	10~15元/亩	7月
河北省	农业厅、省林业厅、省水利厅	农业技术推广奖	省农业技术推广奖包括农业技术推广项目奖、农业技术推广贡献奖和农业技术推广合作奖	/	11月
	省农业厅、省财政厅	农业综合开发农业部专项项目申报	《河北省2014年农业综合开发农业部专项项目申报指南》，每个市每类项目最多只能申报2个	参考中央规定	8月

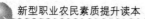

（续表）

省名称	政策发布单位	项目名称	支持范围	资金补助数额	往年申报时间
	河北省财政厅	中央财政支持农民专业合作组织发展项目	管理民主规范、与农户利益联结、辐射带动能力强，能有效地为成员提供农业专业合作服务，成员原则上不应少于100户	20万~100万元	9月
湖南省	农业综合开发办公室	农业综合开发产业化经营项目	财政补助项目和贷款贴息项、目龙头企业项目	50万~300万元	10月
安徽省	财政厅	申报农产品流通体系建设项目	跨区域或反季节农产品产销链条建设；农超对接试点；大型农产品批发市场及其终端配送体系建设项目等	60万~500万元	12月
贵州省	中小企业局	中小企业发展资金项目	完善中小企业社会化公共服务平台、融资服务平台等中小企业服务体系建设，促进中小企业人才队伍建设	300万元	10月
	省财政厅、省农委	省级农民农机专业合作组织建设专项资金	资金主要用于农民农机专业合作社机具购置和设施建设补助、合作社维修设备购置、合作社社员技能培训、新机具示范推广	20万~50万元	10月

第四节 国家专项优惠政策

一、国家对家庭农场（养殖）的补贴

第一，2012 年中央财政安排奖励资金 35 亿元，专项用于发生猪生产，具体包括规模化生猪养殖户（场）猪舍改造、良种引进、粪污处理的支出，生猪养殖大户购买公猪、母猪、仔猪和饲料等的贷款贴息和保险保费补助支出，生猪流通和加工方面的贷款贴息支出，生猪防疫服务费用支出等。奖励资金按照引导生产、多调多奖、直拨到县、专项使用的原则，依据生猪调出量、出栏量和存栏量权重分别为 50%、25% 和 25% 进行测算。2013年中央财政继续实施生猪调出大县奖励。为推动家畜品种改良，提高家畜生产水平，带动养殖户增收。第二，从 2005 年开始，国家实施畜牧良种补贴政策，2012 年畜牧良种补贴资金 12 亿元，主要用于对项目省养殖场（户）购买优质种猪（牛）精液或者种公羊、牦牛种公牛给予价格补贴。生猪良种补贴标准为每头能繁母猪 40 元；奶牛良种补贴标准为荷斯坦牛、娟姗牛、奶水牛每头能繁母牛 30 元，其他品种每头能繁母牛 20 元；肉牛良种补贴标准为每头能繁母牛 10 元；羊良种补贴标准为每只种公羊 800 元；牦牛种公牛补贴标准为每头种公牛 2 000 元。2013 年国家将继续实施畜牧良种补贴政策。

第三，从 2007 年开始，中央财政每年安排 25 亿元在全国范围内支持生猪标准化规模养殖场（小区）建设；2008 年中央财政安排 2 亿元资金支持奶牛标准化规模养殖小区（场）建设，2009 年开始中央资金增加到 5 亿元；2012 年中央财政新增 1 亿元支持内蒙古自治区、四川、西藏自治区、甘肃、青海、宁夏回族自治区、新疆维吾尔自治区以及新疆生产建设兵团肉牛肉羊标准化规模养殖场（小区）开展改扩建。支持资金主要用于养殖

场（小区）水电路改造、粪污处理、防疫、挤奶、质量检测等配套设施建设等。2013 年国家将继续支持畜禽标准化规模养殖。我国动物防疫补助政策主要包括：重大动物疫病强制免疫补助政策，国家对高致病性禽流感、口蹄疫、高致病性猪蓝耳病、猪瘟、小反刍兽疫（限西藏自治区、新疆维吾尔自治区和新疆生产建设兵团）等重大动物疫病实行强制免疫政策；强制免疫疫苗由省级畜牧兽医主管部门会同省级财政部门进行政府招标采购，兽医部门逐级免费发放给养殖场（户）；疫苗经费由中央财政和地方财政共同按比例分担，养殖场（户）无须支付强制免疫疫苗费用。畜禽疫病扑杀补助政策，国家对高致病性禽流感、口蹄疫、高致病性猪蓝耳病、小反刍兽疫发病动物及同群动物和布病、结核病阳性奶牛实施强制扑杀；对因重大动物疫病扑杀畜禽给养殖者造成的损失予以补助，补助经费由中央财政和地方财政共同承担。基层动物防疫工作补助政策，补助经费用于对村级防疫员承担的为畜禽实施强制免疫等基层动物防疫工作经费的劳务补助，2012 年中央财政投入 7.8 亿元补助经费。养殖环节病死猪无害化处理补助政策，国家对年出栏生猪 50 头以上，对养殖环节病死猪进行无害化处理的生猪规模化养殖场（小区），给予每头 80 元的无害化处理费用补助，补助经费由中央和地方财政共同承担。2013 年，中央财政将继续实施动物防疫补助政策。

二、国家扶持"菜篮子"产品生产项目

1. 蔬菜

每个设施蔬菜标准园 200 亩以上，每个露地蔬菜标准园 1 000 亩以上。鼓励技术力量强、产业基础好、区域优势突出、品牌影响大的生产基地集中建设标准园，采取统一生产、统一加工、统一销售和分户管理的模式，更大范围推进标准化生产。重点扶持蔬菜标准园（包括食用菌和西甜瓜等种类），适当兼顾果、茶。

2. 畜产品

主要支持畜种包括生猪、蛋鸡、肉鸡、肉牛和肉羊。其中：生猪出栏 0.5 万 ~5 万头的标准化养殖场；蛋鸡存栏 1 万 ~10 万只的标准化养殖场；肉鸡出栏 5 万 ~100 万只的标准化养殖场；肉牛出栏 100 ~2 000 头的标准化养殖场；肉羊出栏 300 ~3 000 头的标准化养殖场。

3. 水产品

建设农业部水产健康养殖示范场，开展养殖基础设施改造，实施标准化养殖，加强质量安全管理，提高养殖综合生产能力和质量安全水平，保障大中城市优质水产品有效供给。省级农业会同财政部门可根据当地规模化、标准化发展情况和中央安排资金情况，细化本地具体项目资金补助标准，为避免过于分散或过于集中，补助资金规模控制在 25 万 ~100 万元。补助资金总额不得少于中央下达资金。

三、补助对象明确向新型农业经营主体倾斜

中央财政安排专项资金 39.1 亿元，支持开展抗灾保春管促春播工作，农业部、财政部已经将冬小麦"一喷三防"、农作物重大病虫害统防统治等 4 项政策的指导意见和通知下发，与往年相比，2014 年春耕生产补助政策的特点之一就是补助对象明确向新型农业经营主体和社会化服务组织倾斜。与此同时，各相关部门以及各级地方政府也已经逐步开展针对新型农业经营主体的服务，全社会对新型农业经营主体的服务氛围已经开始形成。

四、合作社扶持政策

（一）合作社专项扶持资金增加

中央 1 号文件指出"完善财政支农政策，增加'三农'支

出"。2014 年支农资金在 2013 年基础上继续增加，并将对农业经营主体财政补贴额度有所调整，各省依据中央 1 号文件精神，规定了 2014 年农业财政补助资金扶持合作社需达到 60%，其余农业产业化龙头企业与个体农业经营者共同占 40% 的比例。拓宽"三农"投入资金渠道，合作社的补贴形式出现多样化，财政补贴为主导的方向将逐渐弱化，贷款贴息、以奖代补、风险补偿等补助方式趋于强化。

（二）财政资金直接拨付到账

中央 1 号文件指出"允许财政项目资金直接投向符合条件的合作社，允许财政补助形成的资产转交合作社持有和管护，有关部门要建立规范透明的管理制度"。农业企业与合作社的重大区别在此已明确体现，农业企业申请国家项目资金，除按项目地以县级为单位逐级申报外，财政资金必须逐级对口往下。举个例子，如果项目由市农业局发起，农业企业从县农业局申请项目资金，那资金拨付需通过县财政资金到农业局再转到农业企业；而合作社申报的农业项目如果由市农业局发起，合作社将农业项目申报上报之后，市财政资金可直接拨付到合作社账户，而不需通过县级财政。这种方式有效防止了政府克扣项目资金的问题，对合作社获得项目资金更便利。

（三）合作社领头人成重点培训对象

中央 1 号文件指出"加大对新型职业农民和新型农业经营主体领办人的教育培训力度"。政府深知目前中国处于传统农业向现代农业转变的关键时期，大量先进农业科学技术、高效农业设施装备、现代化经营管理理念越来越多地被引入到农业生产经营的各个环节、各个领域。农村劳动力目前存在素质低、老龄化和农业兼业化问题。若要从根本上解决这个问题，合作社将承担不可替代的重任，作为推进专业化、标准化、规模化和集约化现代农业发展的承载主体，是最能吸引和留下一批综合素质高、生产经营能力强、主体作用发挥明显的农业后继者。因此，农业部办公厅在 2012 已经启动新型职业农民培育试点，到 2014 年则将借鉴成果突出的试点经验逐步向全国范围推广，而合作社领头人则成为新型职业农民培训的重点对象。

（四）合作社发展资金有望破解

中央 1 号文件指出"鼓励地方政府和民间出资设立融资性担保公司，为新型农业经营主体提供贷款担保服务"。农业要发展，不能只依靠政府的带动投资，合作社缺资金不能一味想着申请国家扶持。引入金融杠杆工具促进合作社的"血液循环"是当前政府重点鼓励的一项政策，合作社贷款一直很难，有些地区农业部门精心筛选推荐近 100 家合作社贷款申请，最终只有 20% 通过银行审核。但自 2013 年开始，金融机构对合作社态度出现大转弯，农村商业银行加大力度，参与合作社贷款事宜，连农业发展银行、农业银行等也开始有心"问农"，准备同农业部门一起，为合作社贷款开辟绿色通道。那么，2014 年各地相关银行也正酝酿优惠条款，有计划在近期设计推出，合作社贷款难将有所缓解。

五、2013 年中央提出要继续完善农业保险保费补贴政策

一是增加农业保险品种。自 2007 年中央开展农业保险保费补贴试点以来，保费补贴品种持续增加，目前中央财政提供保费补贴的品种有玉米、水稻、小麦、棉花、马铃薯、油料作物、糖料作物、能繁母猪、奶牛、育肥猪、天然橡胶、森林、青稞、藏系羊、牦牛等，共计 15 个。一些经济发展水平比较高的地方，还增加保费补贴品种，由地方财政对特色农业保险给予保费补贴。2013 年，国家将开展农作物制种、渔业、农机、农房保险和重点国有林区森林保险保费补贴试点，增加农业保险品种。

二是加大对中西部地区、生产大县农业保险保费补贴力度，适当提高部分险种的保费补贴比例。对于种植业保险，中央财政对中西部省份补贴保费的 40%，对东部沿海省份补贴保费的 35%。2013 年中央提出要加大对中西部地区和生产大县农业保险保费补贴力度，适当提高部分险种的保费补贴比例。

三是推进建立财政支持的农业保险大灾风险分散机制。

六、其他惠农政策

（一）废止农业税，进行农业补贴废止农业税条例

取消农业税后，全国农民每年减轻负担 1 335 亿元。落实良种补贴、粮食直补，农机具补贴、对农业生产资料价格进行综合补贴、粮食风险基金，每年再逐步提高补贴的标准。

（二）粮食最低收购价制度

放开粮食市场的流通，国家实行最低收购价制度，这项政策保障了农民利益，同时增加了农民种粮积极性，有助于国家粮食安全。

（三）农地确权、宅基地确权

农地入市增加了农民的财产权利，用 5 年时间基本完成农村土地承包经营权确权登记颁证工作，妥善解决农户承包地块面积不准、四至不清等问题。加快推进征地制度改革，提高农民在土地增值收益中的分配比例，确保被征地农民生活水平有提高、长远生计有保障等，农地入市，抵押贷款，有助于盘活土地。

（四）2014 年养老新政策：建立统一城乡养老保险制度

2014 年 2 月 7 日召开的国务院常务会议，决定合并新型农村社会养老保险和城镇居民社会养老保险，建立全国统一的城乡居民基本养老保险制度。会议强调，两会在即，各部门负责人届时要到会认真听取代表委员的意见建议，进一步做好建议和提案办理工作。大力推行全国统一的社会保障卡，改进管理服务，做到方便利民。

（五）降低农产品流通费用提高流通效率

降低农产品生产流通环节用水电价格和运营费用，规范和降低农产品市场收费，强化零售商供应商交易监管，完善公路收费政策，加强重点行业价格和收费监管，加大价格监督检查和反垄断监管力度，完善财税政策，保障必要的流通行业用地，便利物流配送，建立健全流通费用调查统计制度。

（六）农民专业合作社有关税收政策

对农民专业合作社销售本社成员生产的农业产品，视同农业生产者销售自产农业产品免征增值税。增值税一般纳税人从农民专业合作社购进的免税农业产品，可按13%的扣除率计算抵扣增值税进项税额。对农民专业合作社向本社成员销售的农膜、种子、种苗、化肥、农药、农机，免征增值税。对农民专业合作社与本社成员签订的农业产品和农业生产资料购销合同，免征印花税。

（七）把基础设施建设和社会事业发展的重点转向农村

把基础设施建设和社会事业发展的重点转向农村。近几年农村的水、电、路、沼气的发展以及教育、卫生、文化等事业的发展是历史上发展最快的阶段，进步非常明显。

（八）制定《中国农村扶贫开发纲要（2011—2020年）》

制定《中国农村扶贫开发纲要（2011—2020年）》。这次的扶贫政策有两大亮点。一是大幅度提高了扶贫标准。我国以前的扶贫标准较低，中央经过反复研究之后明确提出，新的扶贫标准一次性提高了92%。二是确定11个连片特困地区作为扶贫攻坚主战场。

七、2014年国家50项惠农政策

1. 种粮直补政策

2014年，中央财政将继续实行种粮农民直接补贴，补贴资金原则上要求发放给从事粮食生产的农民，具体由各省级人民政府根据实际情况确定。2014年1月，中央财政已向各省（区、市）预拨2014年种粮直补资金151亿元。

2. 农资综合补贴政策

2014年，中央财政将继续实行种粮农民农资综合补贴，补贴资金按照动态调整制度，根据化肥、柴油等农资价格变动，遵循"价补统筹、动态调整、只增不减"的原则及时安排和增加补贴资金，合理弥补种粮农民增加的农业生产资料成本。2014年1月，中央财政已向各省（区、市）预拨2014年种农资综合补贴资金1 071亿元。

3. 良种补贴政策

2014年，农作物良种补贴政策对水稻、小麦、玉米、棉花、东北和内蒙古的大豆、长江流域10个省（市）和河南信阳、陕西汉中和安康地区的冬油菜、藏区青稞实行全覆盖，并对马铃薯和花生在主产区开展试点。小麦、玉米、大豆、油菜、青稞每亩补贴10元。其中，新疆地区的小麦良种补贴15元；水稻、棉花每亩补贴15元；马铃薯一二级种薯每亩补贴100元；花生良种繁育每亩补贴50元、大田生产每亩补贴10元。水稻、玉米、油菜补贴采取现金直接补贴方式，小麦、大豆、棉花可采取现金直接补贴或差价购种补贴方式，具体由各省（区、市）按照简单便民的原则自行确定。

4. 农机购置补贴政策

2014年，农机购置补贴范围继续覆盖全国所有农牧业县（场），补贴对象为纳入实施范围并符合补贴条件的农牧渔民、农场（林场）职工、农民合作社和从事农机作业的农业生产经营组织。补贴机具种类涵盖12大类48个小类175个品目，在此基础上各省（区、市）可在12大类内自行增加不超过30个其他品目的机具列入中央资金补贴范围。中央财政农机购置补贴资金实行定额补贴，即同一种类、同一档次农业机械在省域内实行统一的补贴标准。一般机具单机补贴限额不超过 5 万元；挤奶机械、烘干机单机补贴限额可提高到 12 万元；100 马力以上大型拖拉机、高性能青饲料收获机、大型免耕播种机、大型联合收割机、水稻大型浸种催芽程控设备单机补贴限额可提高到 15 万元；200 马力以上拖拉机单机补贴限额可提高到 25 万元；甘蔗收获机单机补贴限额可提高到 20 万元，广西壮族自治区可提高到 25 万元；大型棉花采摘机单机补贴限额可提高到 30 万元，新疆维吾尔自治区和新疆生产建设兵团可提高到 40 万元。不允许对省内外企业生产的同类产品实行差别对待。同时在部分地区开展农机深松整地作业补助试点工作。

5. 农机报废更新补贴试点政策

2014 年继续在山西、江苏、浙江、安徽、山东、河南、新疆维吾尔自治区、宁波、青岛、新疆生产建设兵团、黑龙江省农垦总局开展农机报废更新补贴试点工作。农机报废更新补贴与农机购置补贴相衔接，同步实施。报废机具种类主要是已在农业机械安全监理机构登记，并达到报废标准或超过报废年限的拖拉机和联合收割机。农机报废更新补贴标准按报废拖拉机、联合收割机的机型和类别确定，拖拉机根据马力段的不同补贴额从 500 元到 1.1 万元不等，联合收割机根据喂入量（或收割行数）的不同从 3 000 元到 1.8 万元不等。

6. 新增补贴向粮食等重要农产品、新型农业经营主体、主产区倾斜政策

国家将加大对专业大户、家庭农场和农民合作社等新型农业经营主体的支持力度，实行新增补贴向专业大户、家庭农场和农民合作社倾斜政策。鼓励和支持承包土地向专业大户、家庭农场、农民合作社流转，发展多种形式的适度规模经营。鼓励有条件的地方建立家庭农场登记制度，明确认定标准、登记办法、扶

持政策。探索开展家庭农场统计和家庭农场经营者培训工作。推动相关部门采取奖励补助等多种办法，扶持家庭农场健康发展。

7. 提高小麦、水稻最低收购价政策

为保护农民种粮积极性，促进粮食生产发展，国家继续在粮食主产区实行最低收购价政策，并适当提高 2014 年粮食最低收购价水平。2014 年生产的小麦（三等）最低收购价提高到每50kg 118 元，比 2013 年提高 6 元，提价幅度为 5.4%；2014 年生产的早籼稻（三等，下同）、中晚籼稻和粳稻最低收购价格分别提高到每50kg 135 元、138 元和 155 元，比 2013 年分别提高 3 元、3 元和 5 元，提价幅度分别为 2.3%、2.2% 和 3.3%。继续执行玉米、油菜籽、食糖临时收储政策。

8. 产粮（油）大县奖励政策

为改善和增强产粮大县财力状况，调动地方政府重农抓粮的积极性，2005 年中央财政出台了产粮大县奖励政策。2013 年，中央财政安排产粮（油）大县奖励资金 320 亿元，具体奖励办法是依据近年全国各县级行政单位粮食生产情况，测算奖励到县。对常规产粮大县，主要依据 2006—2010 年 5 年平均粮食产量大于 2 亿千克，且商品量（扣除口粮、饲料粮、种子用粮测算）大于 500 万千克来确定；对虽未达到上述标准，但在主产区产量或商品量列前 15 位，非主产区列前 5 位的县也可纳入奖励；除上述两项标准外，每个省份还可以确定 1 个生产潜力大、对地区粮食安全贡献突出的县纳入奖励范围。在常规产粮大县奖励基础上，中央财政对 2006—2010 年 5 年平均粮食产量或商品量分别列全国前 100 名的产粮大县，作为超级产粮大县给予重点奖励。奖励资金继续采用因素法分配，粮食商品量、产量和播种面积权重分别为 60%、20% 和 20%，常规产粮大县奖励资金与省级财力状况挂钩，不同地区采用不同的奖励系数，产粮大县奖励资金由中央财政测算分配到县，常规产粮大县奖励标准为 500 万～

8 000万元，奖励资金作为一般性转移支付，由县级人民政府统筹使用，超级产粮大县奖励资金用于扶持粮食生产和产业发展。在奖励产粮大县的同时，中央财政对13个粮食主产区的前5位超级产粮大省给予重点奖励，其余给予适当奖励，奖励资金由省级财政用于支持本省粮食生产和产业发展。

产油大县奖励由省级人民政府按照"突出重点品种、奖励重点县（市）"的原则确定，中央财政根据2008—2010年分省分品种油料（含油料作物、大豆、棉籽、油茶籽）产量及折油脂比率，测算各省（区、市）3年平均油脂产量，作为奖励因素；油菜籽增加奖励系数20%，大豆已纳入产粮大县奖励的继续予以奖励；入围县享受奖励资金不得低于100万元，奖励资金全部用于扶持油料生产和产业发展。

2014年，中央财政将继续加大产粮（油）大县奖励力度。

9. 生猪大县奖励政策

为调动地方政府发展生猪养殖积极性，2013年中央财政安排奖励资金35亿元，专项用于发展生猪生产，具体包括规模化生猪养殖户（场）圈舍改造、良种引进、粪污处理的支出，以及保险保费补助、贷款贴息、防疫服务费用支出等。奖励资金按照"引导生产、多调多奖、直拨到县、专项使用"的原则，依据生猪调出量、出栏量和存栏量权重分别为50%、25%和25%进行测算。2014年中央财政继续实施生猪调出大县奖励。

10. 农产品目标价格政策

2014年，国家继续坚持市场定价原则，探索推进农产品价格形成机制与政府补贴脱钩的改革，逐步建立农产品目标价格制度，在市场价格过高时补贴低收入消费者，在市场价格低于目标价格时按差价补贴生产者，切实保证农民收益。2014年，启动东北和内蒙古自治区大豆、新疆维吾尔自治区棉花目标价格补贴试点，探索粮食、生猪等农产品目标价格保险试点，开展粮食生产规模经营主体营销贷款试点。

11. 农业防灾减灾稳产增产关键技术补助

2013 年，中央财政安排农业防灾减灾稳产增产关键技术补助 60.5 亿元，在主产省实现了小麦"一喷三防"全覆盖，在西北实施地膜覆盖等旱作农业技术补助，在东北秋粮和南方水稻实行综合施肥促早熟补助，针对南方高温干旱和洪涝灾害安排了恢复农业生产补助，大力推广农作物病虫害专业化统防统治，对于预防区域性自然灾害、及时挽回灾害损失发挥了重要作用。2014 年，中央财政将继续加大相关补助力度，积极推动实际效果显著的关键技术补助常态化。

12. 深入推进粮棉油糖高产创建支持政策

2013 年，中央财政安排专项资金 20 亿元，在全国建设 12 500 个万亩示范片，并选择 5 个市（地）、81 个县（市）、600 个乡（镇）开展整建制推进高产创建试点。2014 年，国家将继续安排 20 亿元专项资金支持粮棉油糖高产创建和整建制推进试点，并在此基础上开展粮食增产模式攻关，集成推广区域性、标准化高产高效技术模式，辐射带动区域均衡增产。

13. 园艺作物标准园创建支持政策

2014 年，继续推进园艺作物标准园创建工作，并已按照 2013 年资金规模的 70% 拨付地方。继续抓好蔬菜、水果、茶叶标准园创建，推进标准园由"园"到"区"、由"产"到"销"拓展，在优势产区选择基础条件好、规模大的标准园，推进规模化经营、标准化生产、品牌化销售，提升创建水平。在支持新建标准园基础上，加强集中连片标准化生产示范区建设。继续做好北方城市冬季设施蔬菜开发。在东北、西北、华北选择冬春蔬菜自给率低、人口多、产业基础好的城市，开展北方城市冬季设施蔬菜开发工程，制定设施建造标准和生产技术规范，促进设施标准提高、技术规范提高，推进设施蔬菜规范科学发展，提高北方城市冬季蔬菜的供给能力。同时加强宣传，充分发挥引导示范作用。

14. 测土配方施肥补助政策

2014 年，中央财政安排测土配方施肥专项资金 7 亿元，以配方肥推广和施肥方式转变为重点，继续补充完善取土化验、田间试验示范等基础工作，开展测土配方施肥手机信息服务试点和新型经营主体示范，创新农企合作强化测土配方施肥整建制推进，扩大配方施肥到田覆盖范围。2014 年，农作物测土配方施肥技术推广面积达到 14 亿亩；粮食作物配方施肥面积达到 7 亿亩以上；免费为 1.9 亿农户提供测土配方施肥指导服务，力争实现示范区亩均节本增效 30 元以上。

15. 土壤有机质提升补助政策

2014 年，中央财政安排专项资金 8 亿元，通过物化和资金补助等方式，调动种植大户、家庭农场、农民合作社等新型经营主体和农民的积极性，鼓励和支持其应用土壤改良、地力培肥技术，促进秸秆等有机肥资源转化利用，提升耕地质量。2014 年继续在适宜地区推广秸秆还田腐熟技术、绿肥种植技术和大豆接种根瘤菌技术，同时，重点在南方水稻产区开展酸化土壤改良培肥综合技术推广，在北方粮食产区开展增施有机肥、盐碱地严重地区开展土壤改良培肥综合技术推广。

16. 做大做强育繁推一体化种子企业支持政策

2014 年，农业部将会同有关部委继续加大政策扶持力度，推进育繁推一体化企业做大做强。一是强化项目支持。通过种子工程等项目，支持育繁推一体化企业建设育种创新基地。推动新布局的国家和省部级工程技术研究中心、企业技术中心、重点实验室等产业化技术创新平台优先向符合条件的育繁推一体化种子企业倾斜。推动国家相关科研计划和专项加大对企业商业化育种的支持力度。发挥现代种业发展基金的引导作用，吸引社会、金融资本支持企业开展商业化育种。二是推动科技资源向企业流动。推动公益性科研院所和高等院校将国家拨款形成的育种材料、新品种和技术成果,申请品种权、专利等知识产权,鼓励作价到企业投资入股或上市交易。研究确定科研成果的机构和科研人员权益比例,并在部分科研院所和高等院校试点。支持科研院所和高等院校与企业开展合作研究及人才合作。深化科企合作,推进国家良种重大科研攻关,构建产学研协同创新机制,突破种质创新、品种选育等关键环节核心技术瓶颈。完善种业人才出国培养机制,支持企业建立院士工作站、博士后科研工作站。三是优化种业发展环境。深入开展打假护权专项行动,建立种子可追溯管理信息系统,保护农民和品种权人合法权益。加强种业基础性公益性研究,为企业商业化育种奠定基础。加快建立品种审定绿色通道,做好品种测试与品种审定的有机衔接。全面清理现有行政规定,打破地方封锁,推动形成全国统一开放、竞争有序的种业大市场。

17. 农产品追溯体系建设支持政策

近年来,农业部在种植、畜牧、水产和农垦等行业开展了农产品质量安全追溯试点,部分省、市也围绕地方追溯平台建设积极尝试,取得了一些经验和成效。经国家发改委批准,农产品质量安全追溯体系建设正式纳入《全国农产品质量安全检验检测体系建设规划(2011—2015 年)》,总投资 4 985 万元,专项用于国家农产品质量安全追溯管理信息平台建设和全国农产品质量安全追溯管理信息系统的统一开发。项目建设的主要目标是基本实现全国范围"三品一标"的蔬菜、水果、大米、猪肉、牛肉、鸡肉和淡水鱼等 7 类产品"责任主体有备案、生产过程有记录、主体责任可溯源、产品流向可追踪、监管信息可共享"。

18. 农业标准化生产支持政策

从 2006 年开始,中央财政每年安排 2 500 万元财政补助资金补助农业标准化实施示范工作。2014 年，中央财政继续安排 2 340 万元财政资金补助农业标准化实施示范工作，在全国范围内，依托"三园两场"、"三品一标"集中度高的县（区）创建农业标准化示范县 44 个。补助资金主要用于示范品种生产技术规程等标准的集成转化和印发、标准的宣传和培训、核心示范区的建设、龙头企业和农民专业合作社生产档案记录的建立以及品牌培育等工作。

19. 畜牧良种补贴政策

从 2005 年开始，国家实施畜牧良种补贴政策。2013 年投入畜牧良种补贴资金 12 亿元，主要用于对项目省养殖场（户）购买优质种猪（牛）精液或者种公羊、牦牛种公牛给予价格补贴。生猪良种补贴标准为每头能繁母猪 40 元；奶牛良种补贴标准为荷斯坦牛、娟姗牛、奶水牛每头能繁母牛 30 元，其他品种每头能繁母牛 20 元；肉牛良种补贴标准为每头能繁母牛 10 元；羊良种补贴标准为每只种公羊 800 元；牦牛种公牛补贴标准为每头种公牛 2 000 元。2014 年国家将继续实施畜牧良种补贴政策。

20. 畜牧标准化规模养殖扶持政策

从 2007 年开始，中央财政每年安排 25 亿元在全国范围内支持生猪标准化规模养殖场（小区）建设；2008 年中央财政安排 2 亿元资金支持奶牛标准化规模养殖小区（场）建设，2009 年开始中央资金增加到 5 亿元，2013 年中央资金增至 10.06 亿元；2012 年中央财政新增 1 亿元支持内蒙古自治区、四川、西藏自治区、甘肃、青海、宁夏回族自治区、新疆维吾尔自治区以及新疆生产建设兵团肉牛肉羊标准化规模养殖场（小区）开展标准化改扩建。支持资金主要用于养殖场（小区）水电路改造、粪污处理、防疫、挤奶、质量检测等配套设施建设等。2014 年国家将继续支持畜禽标准化规模养殖。

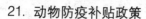
21. **动物防疫补贴政策**

我国动物防疫补助政策主要包括以下4个方面：一是重大动物疫病强制免疫补助政策，国家对高致病性禽流感、口蹄疫、高致病性猪蓝耳病、猪瘟、小反刍兽疫（限西藏自治区、新疆维吾尔自治区和新疆生产建设兵团）等重大动物疫病实行强制免疫政策；强制免疫疫苗由省级政府组织招标采购，兽医部门逐级免费发放给养殖场（户）；疫苗经费由中央财政和地方财政共同按比例分担，养殖场（户）无需支付强制免疫疫苗费用。二是畜禽疫病扑杀补助政策，国家对高致病性禽流感、口蹄疫、高致病性猪蓝耳病、小反刍兽疫发病动物及同群动物和布病、结核病阳性奶牛实施强制扑杀；对因重大动物疫病扑杀畜禽给养殖者造成的损失予以补助，补助经费由中央财政和地方财政共同承担。三是基层动物防疫工作补助政策，补助经费主要用于对村级防疫员承担的为畜禽实施强制免疫等基层动物防疫工作经费的劳务补助，2013年中央财政投入7.8亿元补助经费。四是养殖环节病死猪无害化处理补助政策，国家对年出栏生猪50头以上，对养殖环节病死猪进行无害化处理的生猪规模化养殖场（小区），给予每头80元的无害化处理费用补助，补助经费由中央和地方财政共同承担。2014年，中央财政将继续实施动物防疫补助政策。

22. **草原生态保护补助奖励政策**

为加强草原生态保护，保障牛羊肉等特色畜产品供给，促进牧民增收，从2011年起，国家在内蒙古自治区、新疆维吾尔自治区、西藏自治区、青海、四川、甘肃、宁夏回族自治区和云南等8个主要草原牧区省（区）和新疆生产建设兵团，全面建立草原生态保护补助奖励机制。内容主要包括：实施禁牧补助，对生存环境非常恶劣、草场严重退化、不宜放牧的草原，实行禁牧封育，中央财政按照每亩每年6元的测算标准对牧民给予补助，初步确定5年为一个补助周期；实施草畜平衡奖励，对禁牧区域以外的可利用草原，在核定合理载畜量的基础上，中央财政对未超载的牧民按照每亩每年 1.5 元的测算标准给予草畜平衡奖励；给予牧民生产性补贴，包括畜牧良种补贴、牧草良种补贴（每年每亩 10 元）和每户牧民每年 500 元的生产资料综合补贴。2012年，草原生态保护补助奖励政策实施范围扩大到山西、河北、黑龙江、辽宁、吉林等 5 省和黑龙江农垦总局的牧区半牧区县，全国 13 省（区）所有牧区半牧区县全部纳入政策实施范围内。2013 年，国家继续在 13 个省（区）实施草原生态保护补助奖励政策，中央财政投入补奖资金 159.46 亿元。2014 年，国家将继续在 13 省（区）实施草原生态保护补助奖励政策。

23. 振兴奶业支持苜蓿发展政策

为提高我国奶业生产和质量安全水平，从 2012 年起，农业部和财政部实施"振兴奶业苜蓿发展行动"，中央财政每年安排 3 亿元支持高产优质苜蓿示范片区建设，片区建设以 3 000 亩为一个单元，一次性补贴 180 万元（每亩 600 元），重点用于推行苜蓿良种化、应用标准化生产技术、改善生产条件和加强苜蓿质量管理等方面，2014 年将继续实施"振兴奶业苜蓿发展行动"。

24. 渔业柴油补贴政策

渔业油价补助是党中央、国务院出台的一项重要的支渔惠渔政策，也是目前国家对渔业最大的一项扶持政策。根据《渔业成品油价格补助专项资金管理暂行办法》规定，渔业油价补助对象包括：符合条件且依法从事国内海洋捕捞、远洋渔业、内陆捕捞及水产养殖并使用机动渔船的渔民和渔业企业。2014 年将继续实施这项补贴政策。

25. 渔业资源保护补助政策

2013 年落实渔业资源保护与转产转业转移支付项目资金 4 亿元，其中，用于水生生物增殖放流 30 600 万元，海洋牧场示范区建设 9 400 万元。2014 年该项目将继续实施。

26. 以船为家渔民上岸安居工程

2013 年开始，中央对以船为家渔民上岸安居给予补助，无房户、D 级危房户和临时房户户均补助 2 万元，C 级危房户和既有房屋不属于危房但住房面积狭小户户均补助 7 500 元。以船为家渔民上岸安居工程的补助对象按长期作业地确定，2010 年 12 月 31 日前登记在册的渔户至少满足以下条件之一的可列为补助对象：一是长期以渔船（含居住船或兼用船）为居所；二是无自有住房或居住危房、临时房、住房面积狭小（人均面积低于 13m²），且无法纳入现有城镇住房保障和农村危房改造范围。以船为家渔民上岸安居工程实施期限 2013—2015 年，目标是力争用 3 年时间实现以船为家渔民上岸安居，改善以船为家渔民居住条件，推进水域生态环境保护。2013 年中央预算内投资安排 5 亿元，补助江苏、浙江、安徽、山东、湖北、湖南、广东、广西壮族自治区等 8 个省（区）以船为家渔民上岸安居工程。2014 年国家将继续实施这一政策。

27. 海洋渔船更新改造补助政策

自 2012 年 9 月开始，国家安排 42 亿多元用于海洋渔船更新改造。渔船更新改造坚持渔民自愿的原则，重点更新淘汰高耗能老旧船，将渔船更新改造与区域经济社会发展和海洋渔业生产方式转型相结合，形成到较远海域作业的能力。中央投资按每艘船总投资的 30% 上限补助，且原则上不超过渔船投资补助上限。中央补助投资要采取先建后补的方式，按照建造进度分批拨付，不得用于偿还拖欠款，不得用于购买国外设备。国家不再批准建造底拖网、帆张网和单船大型有囊灯光围网等对资源破坏强度大的作业船型。享受国家更新改造补助政策的远洋渔船不得转回国内作业；除因船东患病致残、死亡等特殊情况外，享受更新补助政策的海洋渔船 10 年内不得买卖，卖出的按国家补助比例归还国家。2014 年该项目将继续实施。

28. 国家现代农业示范区建设支持政策

2014 年将继续加大对国家现代农业示范区的政策扶持力度，着力将示范区打造成为现代农业排头兵和农业改革试验田。一是认定第二批农业改革与建设试点和第三批国家现代农业示范区，进一步扩大试点范围和示范区规模，更好发挥示范引领作用。二是继续实施"以奖代补"政策，对投入整合力度大、创新举措实、合作组织发展好、主导产业提升和农民增收明显的农业改革与建设试点示范区给予 1 000 万元左右的奖励。三是将中央预算内专项投资规模由 3 亿元增加到 4 亿元，加大对示范区旱涝保收标准农田建设的支持力度。四是协调加大对示范区的金融支持力度，推动示范区健全农业融资服务体系，力争国家开发银行、中国农业发展银行今年对示范区建设的贷款金额不低于 300 亿元。

29. 农村改革试验区建设支持政策

党的十八届三中全会对全面深化农村改革做出了全面部署，2014 年中央 1 号文件对进一步做好农村改革试验区工作提出了明确要求。2014 年的农村改革试验区工作，将紧紧围绕贯彻落实中央的部署和要求，以启动第二批农村改革试验区和试验项目、组织召开农村改革试验区工作交流会、完成改革试验项目中期评估三大工作为重点，充实试验内容，完善工作机制，加大试验项目组织实施力度，力争在体制机制创新上取得新突破，为新时期农村改革发展积累经验、探索路子。

30. 农产品产地初加工支持政策

2013 年，中央财政安排 5 亿元转移支付资金，采取"先建后补"方式，按照不超过单个设施平均建设造价 30% 的标准实行全国统一定额补助，扶持农户和农民专业合作社建设马铃薯贮藏窖、果蔬贮藏库和烘干房等三大类 19 种规格的农产品产地初加工设施。实施区域为河北、内蒙古自治区、辽宁、吉林、福建、河南、湖南、四川、云南、陕西、甘肃、宁夏回族自治区、新疆维吾尔自治区等 13 个省（区）和新疆生产建设兵团的 197 个县（市、区、旗、团场）。2014 年，将继续组织实施农产品产地初加工补助项目。

31. 鲜活农产品运输绿色通道政策

为推进全国鲜活农产品市场供应，降低流通费用，全国所有收费公路（含收费的独立桥梁、隧道）全部纳入鲜活农产品运输"绿色通道"网络范围，对整车合法装载运输鲜活农产品车辆免收车辆通行费。纳入鲜活农产品运输"绿色通道"网络的公路收费站点，要开辟"绿色通道"专用道口，设置"绿色通道"专用标识标志，引导鲜活农产品运输车辆优先快速通过。鲜活农产品品种范围，新鲜蔬菜包括 11 类 66 个品种、新鲜水果包括 7 类 42 个品种、鲜活水产品包括 8 个品种、活的畜禽包括 3 类 11 个品种、新鲜的肉蛋奶包括 7 个品种，以及马铃薯、甘薯（红薯、白薯、山药、芋头）、鲜玉米、鲜花生。"整车合法装载"认定标准，对《鲜活农产品品种目录》范围内的不同鲜活农产品混装的车辆，认定为整车合法装载鲜活农产品。对目录范围内的鲜活农产品与目录范围外的其他农产品混装，且混装的其他农产品不超过车辆核定载质量或车厢容积 20% 的车辆，比照整车装载鲜活农产品车辆执行，对超限超载幅度不超过 5% 的鲜活农产品运输车辆，比照合法装载车辆执行。

32. 生鲜农产品流通环节税费减免政策

为促进物流业健康发展，切实减轻物流企业税收负担，免征蔬菜流通环节增值税。蔬菜是指可作副食的草本、木本植物，经挑选、清洗、切分、晾晒、包装、脱水、冷藏、冷冻等工序加工的蔬菜，属于蔬菜范围。各种蔬菜罐头，指蔬菜经处理、装罐、密封、杀菌或无菌包装而制成的食品，不属于所述蔬菜的范围。2013 年 1 月 11 日下发的《国务院办公厅关于印发降低流通费用提高流通效率综合工作方案的通知》（国办发〔2013〕5 号）要求，继续对鲜活农产品实施从生产到消费的全环节低税收政策，将免征蔬菜流通环节增值税政策扩大到部分鲜活肉蛋产品。2014年国家将继续实行生鲜农产品流通环节税费减免政策。

33. 农村沼气建设政策

2014年，因地制宜发展户用沼气和规模化沼气。在尊重农民意愿和需求的前提下，优先在丘陵山区、老少边穷和集中供气无法覆盖的地区，发展户用沼气。支持为农户供气的大中型沼气工程建设，鼓励农民合作社、村委会和企业承担建设沼气工程，把开展沼渣、沼液利用作为项目立项审核的重要内容；创新大中型沼气工程建设机制，建立产业化发展平台，引导社会力量参与沼气建设和运营，拓宽沼气使用出口。依托公益性（农业）行业科技专项，加大研发攻关力度，加快新工艺、新材料、新设备的更新换代，提高沼气项目工艺技术水平。在有条件地区试点推广政府购买沼气服务，健全服务体系，多措施并举提高沼气服务质量和水平。

34. 开展农业资源休养生息试点政策

按照国务院有关部署，目前，农业部正会同有关部门编制《农业可持续发展规划（2014—2020年）》，同时配合国家发改委编制《农业突出环境治理总体规划（2014—2018年）》，不断建立健全农业资源保护政策和农业生态环境补偿机制，促进农业环境和生态改善。规划中的农业环境治理措施主要包括：一是开展耕地重金属污染治理。以南方酸性水稻土产区为重点区域，以降低农产品中重金属含量为核心目标，以农艺措施为主体、辅以工程治理手段，在摸清污染底数的基础上，对污染耕地实行边生产、边修复，同时对示范农户进行合理补偿。二是开展农业面源污染治理。在农业面源污染严重或环境敏感的流域，开展典型流域农业面源污染综合治理示范建设。在养殖、地膜、秸秆等污染问题突出区域，实施规模化畜禽养殖污染治理、农田残膜回收与再生、秸秆综合利用、水产养殖污染治理等示范建设。三是开展地表水过度开发和地下水超采治理。在地表水过度开发和地下水超采问题较严重的区域，加大农业节水工程建设力度，调整种植结构，种植低耗水作物，不断提高水资源利用效率，逐步改善农业环境和水生态环境。四是开展新一轮退耕还林还草。在25°以上陡坡耕地、严重沙化耕地和15°~25°重要水源地实行退耕，坚持宜林则林、宜草则草，实现生产、生态与生活的有机结合。五是开展农牧交错带已垦草原治理。针对农牧交错带中已弃耕的已垦草原，通过退耕种植优质牧草，使其成为稳定的人工草地，逐步恢复草原生态系统。六是开展东北黑土地保护。针对东北黑土层变薄、土壤有机质含量下降的区域，重点开展调整种植结构、增施有机肥、深松耕、坡耕地农田保护设施建设等。七是开展湿地恢复与保护。针对国家重点生态功能区及其他重要湿地分布区中国际重要湿地、国家级湿地自然保护区和国家湿地公园内由于围垦湿地获得耕地，开展退耕还湿。

35. 开展村庄人居环境整治政策

推进新一轮农村环境连片整治，重点治理农村垃圾和污水。推行县域农村垃圾和污水治理的统一规划、统一建设、统一管理，有条件的地方推进城镇垃圾污水设施和服务向农村延伸。建立村庄保洁制度，推行垃圾就地分类减量和资源回收利用。深入开展全国城乡环境卫生整洁行动。交通便利且转运距离较近的村庄，生活垃圾可按"户分类、村收集、乡镇转运、县处理"的方式处理；交通不便或转运距离较远的，可就近分散处理。离城镇较远且人口较多的村庄，可建设村级污水集中处理设施，人口较少的村庄可建设户用污水处理设施。大力开展生态清洁型小流域建设，整乡整村推进农村河道综合治理。

推进规模化畜禽养殖区和居民生活区的科学分离，引导养殖业规模化发展，支持规模化养殖场畜禽粪污综合治理与利用。引导农民开展秸秆还田和秸秆养畜，支持秸秆能源化利用设施建设。逐步建立农村死亡动物无害化收集和处理系统，加快无害化处理场所建设。合理处置农药包装物、农膜等废弃物，加快废弃物回收设施建设。推进农村清洁工程，因地制宜发展规模化沼气和户用沼气。推动农村家庭改厕，全面完成无害化卫生厕所改造任务。适应种养大户等新型农业经营主体规模化生产的需求，统筹建设晾晒场、农机棚等生产性公用设施，整治占用乡村道路晾晒、堆放等现象。

大力推进农村土地整治，节约集约使用土地。加强村庄公共空间整治，清理乱堆乱放，拆除违章建筑，疏浚坑塘河道，推进村庄公共照明设施建设。统筹利用闲置土地、现有房屋及设施等改造建设村庄公共活动场所。

36. 培育新型职业农民政策

2014 年，农业部将进一步扩大新型职业农民培育试点工作，使试点县规模达到 300 个，新增 200 个试点县，每个县选择 2~3 个主导产业，重点面向专业大户、家庭农场、农民合作社、农业企业等新型经营主体中的带头人、骨干农民等，围绕主导产业开展从种到收、从生产决策到产品营销的全过程培训，重点探索建立教育培训、认定管理和扶持政策三位一体的制度体系，吸引和培养造就大批高素质农业生产经营者，支撑现代农业发展，确保农业发展后继有人。

37. 基层农业技术推广体系改革与示范县建设政策

2014 年，中央财政安排基层农业技术推广体系改革与建设补助项目 26 亿元，基本覆盖全国农业县。主要用于支持项目县深化基层农业技术推广体系改革，完善以"包村联户"为主要形式的工作机制和"专家+农业技术人员+科技示范户+辐射带动户"的服务模式，培育科技示范户，实施农业技术推广服务特岗计划，开展农业技术人员知识更新培训，建立健全县乡村农业科技试验示范网络，全面推进农业科技进村入户。

38. **阳光工程政策**

2014 年，国家将继续组织实施农村劳动力培训阳光工程，以提升综合素质和生产经营技能为主要目标，对务农农民免费开展专项技术培训、职业技能培训和系统培训。阳光工程由各级农业主管部门组织实施，农业广播电视学校、农业技术推广机构、农机校、农业职业院校及有条件的培训机构承担具体培训工作。

39. **培养农村实用人才政策**

2014 年继续开展农村实用人才带头人和大学生村官示范培训，增选一批农村实用人才培训基地，依托培训基地举办 117 期示范培训班，通过专家讲课、参观考察、经验交流等方式，培训 8 700 名农村基层组织负责人、农民专业合作社负责人和 3 000 名大学生村官，同时带动各省区市大规模开展培训工作，培养致富带头人和现代农业经营者。继续实施农村实用人才培养"百万中专生计划"，改革完善课程体系，提高办学水平，提升教学质量，全年实现 10 万人以上的招生规模，提高农村实用人才学历层次。继续开展农村实用人才认定试点，明确农村实用人才的认定标准，探索认定与补贴、项目、资助、土地利用等挂钩的办法，提高认定的"含金量"，构建扶持农民的政策体系。吸引社会力量扶持农村实用人才创业兴业，组织开展第三批"百名农业科教兴村杰出带头人"和第二批"全国杰出农村实用人才项目"评选工作，选拔 50 名左右优秀农村实用人才，每人给予 5 万元的资金资助。

40. **加快推进农业转移人口市民化政策**

十八届三中全会明确提出要推进农业转移人口市民化，逐步把符合条件的农业转移人口转为城镇居民。政策措施主要包括 3 个方面：一是加快户籍制度改革。建立城乡统一的户口登记制度，促进有能力在城镇合法稳定就业和生活的常住人口有序实现市民化。全面放开建制镇和小城市落户限制，有序放开中等城市落户限制，合理确定大城市落户条件，严格控制特大城市人口规模。鼓励各地从实际出发制定相关政策，解决好辖区内农业转移人口在本地城镇的落户问题。二是扩大城镇基本公共服务覆盖范围。全面实行流动人口居住证制度，逐步推进居住证持有人享有与居住地居民相同的基本公共服务，保障农民工同工同酬。稳步推进城镇基本公共服务常住人口全覆盖，把进城落户农民完全纳入城镇住房和社会保障体系，在农村参加的养老保险和医疗保险规范接入城镇社保体系。三是保障农业转移人口在农村的合法权益。现阶段，农民工落户城镇，是否放弃宅基地和承包的耕地、林地、草地，必须完全尊重农民本人的意愿，不得强制收回或变相强制收回。国家鼓励土地承包经营权在公开市场上流转，保障农民集体经济组织成员权利，保障农户宅基地用益物权。

41. 发展新型农村合作金融组织政策

2014年，国家将在管理民主、运行规范、带动力强的农民合作社和供销合作社基础上，培育发展农村合作金融，选择部分地区进行农民合作社开展信用合作试点，丰富农村地区金融机构类型。国家将推进社区性农村资金互助组织发展，这些组织必须坚持社员制、封闭性原则，坚持不对外吸储放贷、不支付固定回报。国家还将进一步完善对新型农村合作金融组织的管理体制，明确地方政府的监管职责，鼓励地方建立风险补偿基金，有效防范金融风险。

42. 农业保险支持政策

目前，中央财政提供农业保险保费补贴的品种有玉米、水稻、小麦、棉花、马铃薯、油料作物、糖料作物、能繁母猪、奶牛、育肥猪、天然橡胶、森林、青稞、藏系羊、牦牛等，共计15个。对于种植业保险，中央财政对中西部地区补贴40%，对东部地区补贴35%，对新疆生产建设兵团、中央直属垦区、中储粮北方公司、中国农业发展集团公司（以下简称中央单位）补贴65%，省级财政至少补贴25%。对能繁母猪、奶牛、育肥猪保险，中央财政对中西部地区补贴50%，对东部地区补贴40%，对中央单位补贴80%，地方财政至少补贴30%。对于公益林保险，中央财政补贴50%，对大兴安岭林业集团公司补贴90%，地方财政至少补贴40%；对于商品林保险，中央财政补贴30%，对大兴安岭林业集团公司补贴55%，地方财政至少补贴25%。中央财政农业保险保费补贴政策覆盖全国，地方可自主开展相关险种。2014年，国家将进一步加大农业保险支持力度，提高中央、省级财政对主要粮食作物保险的保费补贴比例，逐步减少或取消产粮大县县级保费补贴，不断提高稻谷、小麦、玉米三大粮食品种保险的覆盖面和风险保障水平；鼓励保险机构开展特色优势农产品保险，有条件的地方提供保费补贴，中央财政通过以奖代补等方式予以支持；扩大畜产品及森林保险范围和覆盖区域；鼓励开展多种形式的互助合作保险。

43. 村级公益事业一事一议财政奖补政策

村级公益事业一事一议财政奖补，是对村民一事一议筹资筹劳建设项目进行奖励或者补助的政策。奖补范围主要包括农民直接受益的村内小型水利设施、村内道路、田间道路、环卫设施、植树造林等公益事业建设，优先解决群众最需要、见效最快的村内道路硬化、村容村貌改造等公益事业建设项目。一事一议财政奖补资金主要由中央和省级以及有条件的市、县财政安排，财政奖补既可以是资金奖励，也可以是实物补助；财政奖补坚持普惠制与特惠制相结合，奖补资金占项目总投资的比例可以由各地结合实际自主确定。中央财政2013年安排奖补资金238亿元，2014年将进一步健全村级公益事业财政奖补机制，继续扩大财政奖补资金规模，促进村级公益事业健康发展。

44. 扶持家庭农场发展政策

家庭农场作为新型农业经营主体，以农民家庭成员为主要劳动力，以农业经营收入为主要收入来源，利用家庭承包土地或流转土地，从事规模化、集约化、商品化农业生产，已成为引领适度规模经营、发展现代农业的有生力量。2014 年 2 月，农业部下发了《关于促进家庭农场发展的指导意见》，从工作指导、土地流转、落实支农惠农政策、强化社会化服务、人才支撑等方面提出了促进家庭农场发展的具体扶持措施。主要包括：建立家庭农场档案，开展示范家庭农场创建活动；引导和鼓励家庭农场通过多种方式稳定土地流转关系；推动落实涉农建设项目、财政补贴、税收优惠、信贷支持、抵押担保、农业保险、设施用地等相关政策，帮助解决家庭农场发展中遇到的困难和问题；支持有条件的家庭农场建设试验示范基地，担任农业科技示范户，参与实施农业技术推广项目；加大对家庭农场经营者的培训力度，鼓励中高等学校特别是农业职业院校毕业生、新型农民和农村实用人才、务工经商返乡人员等兴办家庭农场等。

45. 扶持农民合作社发展政策

党的十八届三中全会提出，"鼓励农村发展合作经济，扶持发展规模化、专业化、现代化经营，允许财政项目资金直接投向符合条件的合作社，允许财政补助形成的资产转交合作社持有和管护，允许合作社开展信用合作。"2014 年中央 1 号文件进一步强调，"鼓励发展专业合作、股份合作等多种形式的农民合作社，引导规范运行，着力加强能力建设。"对于各种形式的合作社，只要符合合作社基本原则和服务成员的宗旨，符合有关条件和要求，能让农民切实受益，都将给予鼓励和支持。2013 年，中央财政扶持农民合作组织发展资金规模达 18.5 亿元。目前，农村土地整理、农业综合开发、农田水利建设、农业技术推广等涉农项目，都把合作社作为承担主体。已有部分涉农项目形成的资产由合作社管护。2014 年，除继续实行已有的扶持政策外，农业部将按照中央的统一部署和要求，配合有关部门选择产业基础牢、经营规模大、带动能力强、信用记录好的合作社，按照限于成员内部、用于产业发展、吸股不吸储、分红不分息、风险可掌控的原则，稳妥开展信用合作试点。

46. 发展多种形式适度规模经营政策

党的十八届三中全会提出：鼓励承包经营权在公开市场向专业大户、家庭农场、农民合作社、农业企业流转，发展多种形式的适度规模经营。2014 年中央 1 号文件进一步强调，"鼓励有条件的农户流转承包土地的经营权，加快健全土地经营权流转市场，完善县乡村三级服务和管理网络。探索建立工商企业流转农业用地风险保障制度，严禁农用地非农化。有条件的地方，可对流转土地给予奖补。"土地流转和适度规模经营必须从国情出发，要尊重农民意愿，因地制宜、循序渐进，不能搞大跃进，不能强制推动；要与城镇化进程和农村劳动力转移规模相适应，与农业科技进步和生产手段改进程度相适应，与农业社会化服务水平提高相适应；要坚持农村土地集体所有权，稳定农户承包权，放活土地经营权，以家庭承包经营为基础，推进家庭经营、集体经营、合作经营、企业经营等多种经营方式共同发展；要坚持规模适度，既注重提升土地经营规模，又防止土地过度集中，兼顾公平与效率，提高劳动生产率、土地产出率和资源利用率；要坚持市场在资源配置中起决定性作用和更好发挥政府作用，既促进土地资源有效利用，又确保流转有序规范，重点支持发展粮食规模化生产。

47. 健全农业社会化服务体系政策

2014 年中央 1 号文件提出：健全农业社会化服务体系，采取财政扶持、税费优惠、信贷支持等措施，大力发展主体多元、形式多样、竞争充分的社会化服务，推行合作式、订单式、托管式等服务模式；通过政府购买服务等方式，支持具有资质的经营性服务组织从事农业公益性服务。根据中央1号文件的要求，国家有关部门将在总结地方做法经验的基础上，明确政府购买社会化服务的具体内容、衡量标准和运作方式，提出支持具有资质的经营性服务组织从事农业公益性服务的具体政策措施。

48. 完善农村土地承包制度政策

完善农村土地承包经营制度，涉及亿万农民的切身利益，中央高度重视，十八届三中全会、中央农村工作会议和2014年中央1号文件，都提出明确要求。十八届三中全会强调，"稳定农村土地承包关系并保持长久不变，在坚持和完善最严格的耕地保护制度前提下，赋予农民对承包地占有、使用、收益、流转及承包经营权抵押、担保权能，允许农民以承包经营权入股发展农业产业化经营。"2013年，国家选择了105个县（市、区）扩大土地承包经营权确权登记颁证试点范围，围绕土地承包关系"长久不变"的具体形式进行了深入研究。2014年，将抓紧抓实农村土地承包经营权确权登记颁证工作，选择3个省作为整省推进试点，其他省（区、市）至少选择1个整县推进试点；继续深化对土地承包关系长久不变及土地经营权抵押、担保、入股等问题的研究，按照审慎、稳妥的原则，配合有关部门选择部分地区开展土地经营权抵押担保试点，研究提出具体规范意见，推动修订相关法律法规。

49. 推进农村产权制度改革政策

党的十八届三中全会强调："赋予农民更多财产权利。保障农民集体经济组织成员权利，积极发展农民股份合作，赋予农民对集体资产股份占有、收益、有偿退出及抵押、担保、继承权。"2014年中央1号文件提出："推动农村集体产权股份合作制改革，保障农民集体经济组织成员权利，赋予农民对落实到户的集体资产股份占有、收益、有偿退出及抵押、担保、继承权，建立农村产权流转交易市场。"根据中央 1 号文件的要求，国家有关部门将深入研究新型集体经济组织主体地位、产权交易、股权的有偿退出和抵押、担保、继承等重大问题，研究提出深化改革的意见，明确改革的总体思路、目标任务、工作重点、关键环节，建立归属清晰、权能完整、流转顺畅、保护严格的农村集体产权制度，有效保障农民集体经济组织成员权利。

50. 农村、农垦危房改造政策

农村危房改造和农垦危房改造是国家保障性安居工程的组成部分。农村危房改造于 2008 年开始试点，2012 年实现全国农村地区全覆盖。2014 年国家将继续加大农村危房改造力度，完善政策措施，加快改善广大农村困难群众住房条件，计划完成农村危房改造任务 260 万户左右。

农垦危房改造 2008 年启动实施，2011 年实施范围扩大到全国农垦，以户籍在垦区且居住在垦区所辖区域内危房中的农垦职工家庭特别是低收入困难家庭为主要扶助对象。截至 2013 年，国家累计安排农垦危房改造任务 163 万户，下达农垦危房改造和配套基础设施建设中央投资 150 亿元。2014 年国家将继续实施农垦危房改造项目，拟按照东、中、西部垦区每户补助 6 500 元、7 500 元、9 000 元的标准，改造农垦危房 24 万户；同时按照中央投资每户 1 200 元的补助标准，支持建设农垦危房改造供暖、供水等配套基础设施建设。

第五节　各地对新型职业农民优惠政策

湖南省平江县制定了新型职业农民政策扶持办法，出台了水稻、生猪、农机政策性补助资金向新型职业农民倾斜的具体规定和操作办法，整合 5 个农业项目共 700 多万元向新型职业农民倾斜，发放惠农政策资金 210 多万元，优惠贷款 1 200 多万元江苏省太仓市与农业职业院校合作，"订单"培养农村初高中毕业生，学费由市政府全额资助，学员毕业后统一安排到学生所在地的村镇农场工作，享受村干部副职待遇，有稳定的工资收入，并纳入社会保障。

四川省成都市对农村经纪人领办、新办的农业生产基地，符合设施农业补贴政策的，在同等条件下享受上浮 10% 的补贴政策优惠，其中对开展农业循环经济和种养结合的，享受上浮 20% 的补贴政策，并在土地整理和道路、水利等基础设施建设上优先给予立项和扶持。

陕西省靖边县对养羊农民给予"九免十七补"政策。福建长汀县政府设立促进农业规模经营贷款担保基金，给予新型职业农民 10 万元以下担保贷款及补贴银行利息的 50% 等。

河南省正阳县农行以大户担保、实物抵押担保等形式，为 112 家专业合作社、家庭农场提供信贷资金近 4 000 万元，农民将信贷资金称为"及时雨"。

宁夏回族自治区农民贷款多种方式抵押担保。为加大对专业大户、家庭农场、农民合作社等新型农业生产经营主体支持力度，农行宁夏回族自治区分行依据国家相关制度，制定出台了《专业大户（家庭农场）贷款管理实施细则（试行）》。种植业、养殖业、农产品购销和加工、农机专业大户及家庭农场贷款可以采用大中型农机具、自有粮食、绒毛、枸杞等农副产品抵押担保；林权抵押担保；"农村土地承包经营权、农村土地流转经营权、农村宅基地使用权抵押＋基金"的方式担保。这些政策含金量高，对于促进新型职业农民成长发展具有很强的针对性。

安徽省强农惠农富农政策

（1）继续提高粮食最低收购价格。2014 年国家进一步提高小麦、稻谷最低收购价格。今年生产的小麦（三等，下同）最低收购价为每 50kg 118 元，比去年提高 6 元；早籼稻、中晚籼稻和粳稻最低收购价格分别为每 50kg 135 元、138 元和 155 元，比去年分别提高 3 元、3 元和 5 元。

（2）继续对种粮农民发放农资综合补贴。以上年小麦和水稻实际种植面积为依据，平均每亩补贴 70 元。

（3）继续实施农作物良种补贴政策。小麦、玉米、油菜每亩补贴 10 元，水稻、棉花每亩补贴 15 元。小麦高产攻关和水稻产业提升行动核心示范区农户，每亩增加 10 元良种良法配套补贴。玉米振兴计划核心示范区农户，每亩增加 8 元良种良法配套补贴。

（4）继续实施粮食直接补贴政策。以原计税面积、计税常产为依据，每亩补贴不少于 10 元。对上年种植小麦、稻谷面积达到 100 亩以上且承包耕地合同期不少于 1 年的种粮大户，每亩再增加 10 元粮食直接补贴。

（5）继续实施农机具购置补贴政策。实行"自主购机、带机申请、定额补贴、县级结算、直补到户"操作模式，农民自主购机、自愿申请，审核通过后，补贴资金直接打到购机农民"一卡通"账户。1 个农户家庭在年度内申请补贴机具不超过 3 台套，农民合作社和从事农机作业的生产经营组织在年度内申请补贴机具不超过 10 台套。同步开展农机报废更新补贴。

（6）继续实施政策性农业保险（放心保）。种植业有小麦、水稻、玉米、大豆、油菜、棉花 6 个险种，财政补贴保费的 80%，农户承担保费的 20%，农户承担保费每亩约 2 ~ 4 元。养殖业有能繁母猪、奶牛 2 个险种，财政补贴保费的 80%，农户承担保费的 20%，农户承担保费分别为每头 12 元、72 元。继续开展森林保险和育肥猪保险试点。扎实推进地方特色农产品（000061，股吧）保险试点。

（7）继续实施林业补贴政策。集体林地上国家级和省级公益林每年每亩分别补偿 15 元、10 元，其中，补助到户的管护费分别为 14.75 元、9.75 元。退耕还林项目原政策到期后，完善政策期内每年每亩发放生活补助 125 元，其中，管护补助 20 元，管护费与管护任务挂钩。纳入千万亩森林增长工程的合格人工成片造林，每亩一次性补助 300 元，其中，石质山地每亩一次性补助 500 元。

（8）鼓励发展农民合作社、家庭农场。2014 年评定 100 个省级示范农民合作社和 200 个省级示范家庭农场，并给予以奖代补。财政项目资金可直接投向符合条件的合作社，财政补助形成的资产可转交合作社持有和管护。鼓励农民合作社农产品进入城市社区开展直供直销。扶持家庭农场信息化建设，开展家庭农场贷款"直管直贷"试点。

（9）继续开展新型农民培训和就业技能培训。启动新型职业农民培育计划，重点培训专业大户、家庭农场、农民合作社、农业企业等新型农业经营主体领办人。

第六节　扶持新型职业农民受到重视

由于目前对新型农业经营主体的扶持尚处于探索期，措施之间的联动性尚不明显。因此，以创新的理念构建扶持新型农业经营主体的制度体系十分必要，这个制度体系应该包括政策支持、财政支持、社会支持等诸多方面，应该体现全面、实用、良性互动的特质，惟如此，才能使扶持新型农业经营主体成为稳定、持续和长效的制度体系。

制定好政策是构建扶持新型农业经营主体制度体系的先决条件。新型农业经营主体，包括种养大户、家庭农场、农民专业合作社、农业企业等，代表着我国未来农业经营的方向，其重要意义有二：一是未来经营农业特别是种粮的主体力量，要用其来解决未来"谁来种地"的问题；二是建设现代农业的主体力量，能解决传统农业向现代农业转型的问题。目前，我国已经出台了一些扶持新型农业经营主体的政策。2014年2月，农业部下发了关于《关于促进家庭农场发展的指导意见》。安徽、浙江、重庆等9个省（市）也下发了指导家庭农场发展的文件，一些县市成立了新型农业经营主体指导服务中心、新型农业经营主体培育发展联系会议制度等相应的扶持服务机构。国家层面已经有了针对新型农业经营主体的框架性政策，但有些环节还需要细化，包括出台专门针对家庭农场、种养大户的扶持政策，明确新型农业经营主体的概念和内涵、认定标准、发展目标、推进措施等。

财政支持是构建扶持新型农业经营主体制度体系的保障前提。当然，此处的财政是"大财政"的概念，既包括财政补贴、项目资金安排等"纯财政"内容，也包括了金融、保险、税收等广义的"钱的概念"。既然是钱的概念，就必须要清清楚楚，比如，财政支持新型农业经营主体，支持多少？支持在什么环节？对不同类型、不同规模的新型主体应该如何区别对待？新增农业补贴要向专业大户、家庭农场和农民合作社倾斜，怎么倾斜？倾斜多少等？这些都有待于进一步细化。2014年2月，中国人民银行下发了《关于做好家庭农场等新型农业经营主体金融服务的指导意见》，在金融扶持新型农业经营主体的细化和落实上做了有益的尝试。各部门和各地类似的做法还应该更多。

农业社会化服务体系是构建扶持新型农业经营主体制度体系不可或缺的重要组成部分，各相关部门应该把自己业务范围内对新型农业经营主体的服务行动，融入到大的农业社会化服务体系之中，以形成合力。狭义的农业服务体系一般指的是常规农业生产的常规服务，如农机作业服务、病虫害统防统治、水利服务等。此外，也有相关部门根据本部门的特点，发挥自己部门的优势，为新型农业经营主体专门设计了有针对性的服务行动，如中国气象局与农业部合作推出的面向新型农业经营主体的气象服务行动，科技部推出的科技特派员联合新型农业经营主体而进行的科技创业活动。这些服务对扶持新型农业经营主体的发展都起到了很好的促进作用，下一步，这些服务将更加需要建立一种有机联系，更加需要融合，以把服务的效果最大化。

　　新型农业经营主体，是随着我国农业经济发展和社会进步而逐步形成的新生事物。截至 2012 年底，我国经营面积在 50 亩以上的农户超过 287 万户，家庭农场超过 87 万个。截至目前，全国约 1/4 的承包地主要流转到种粮大户和家庭农场等新型农业经营主体手里。同时也正因其新，对其服务也是一个新课题，在扶持服务的基础上形成一个完整的制度体系更是新上加新的新课题。但这是一个方向，只有建立起了一个完善的制度体系，才能从根本上保障对新型农业经营主体的服务，才能从根本上保证我国农业经济能够朝着健康、稳定、增量、高效的方向发展。

第四章 国家及有关部门相关性文件

第一节 国务院：开展农村土地承包经营权抵押贷款 试点的通知

开展农村土地承包经营权抵押贷款试点

国办发〔2014〕17号

农村金融是我国金融体系的重要组成部分，是支持服务"三农"发展的重要力量。近年来，我国农村金融取得长足发展，初步形成了多层次、较完善的农村金融体系，服务覆盖面不断扩大，服务水平不断提高。但总体上看，农村金融仍是整个金融体系中最为薄弱的环节。为贯彻落实党的十八大、十八届三中全会精神和国务院的决策部署，积极顺应农业适度规模经营、城乡一体化发展等新情况新趋势新要求，进一步提升农村金融服务的能力和水平，实现农村金融与"三农"的共赢发展，经国务院同意，现提出以下意见。

一、深化农村金融体制机制改革

（一）分类推进金融机构改革

在稳定县域法人地位、维护体系完整、坚持服务"三农"的前提下，进一步深化农村信用社改革，积极稳妥组建农村商业银行，培育合格的市场主体，更好地发挥支农主力军作用。完善农村信用社管理体制，省联社要加快淡出行政管理，强化服务功能，优化协调指导，整合放大服务"三农"的能力。研究制定农业发展银行改革实施总体方案，强化政策性职能定位，明确政策性业务的范围和监管标准，补充资本金，建立健全治理结构，加大对农业开发和农村基础设施建设的中长期信贷支持。鼓励大中型银行根据农村市场需求变化，优化发展战略，加强对"三农"发展的金融支持。深化农业银行"三农金融事业部"改革试点，探索商业金融服务"三农"的可持续模式。鼓励邮政储蓄银行拓展农村金融业务，逐步扩大涉农业务范围。稳步培育发展村镇银行，提高民营资本持股比例，开展面向"三农"的差异化、特色化服务。各涉农金融机构要进一步下沉服务重心，切实做到不脱农、多惠农（银监会、中国人民银行、发展改革委、财政部、农业部等按职责分工分别负责）。

（二）丰富农村金融服务主体

鼓励建立农业产业投资基金、农业私募股权投资基金和农业科技创业投资基金。支持组建主要服务"三农"的金融租赁公司。鼓励组建政府出资为主、重点开展涉农担保业务的县域融资性担保机构或担保基金，支持其他融资性担保机构为农业生产经营主体提供融资担保服务。规范发展小额贷款公司，建立正向激励机制，拓宽融资渠道，加快接入征信系统，完善管理政策（财政部、发展改革委、银监会、中国人民银行、证监会、农业部等按职责分工分别负责）。

（三）规范发展农村合作金融

坚持社员制、封闭性、民主管理原则，在不对外吸储放贷、不支付固定回报的前提下，发展农村合作金融。支持农民合作社开展信用合作，积极稳妥组织试点，抓紧制定相关管理办法。在符合条件的农民合作社和供销合作社基础上培育发展农村合作金融组织。有条件的地方，可探索建立合作性的村级融资担保基金（银监会、中国人民银行、财政部、农业部、供销合作总社等按职责分工分别负责）。

二、大力发展农村普惠金融

（一）优化县域金融机构网点布局

稳定大中型商业银行县域网点，增强网点服务功能。按照强化支农、总量控制原则，对农业发展银行分支机构布局进行调整，重点向中西部及经济落后地区倾斜。加快在农业大县、小微企业集中地区设立村镇银行，支持其在乡镇布设网点（银监会、中国人民银行、财政部等按职责分工分别负责）。

（二）推动农村基础金融服务全覆盖

在完善财政补贴政策、合理补偿成本风险的基础上，继续推动偏远乡镇基础金融服务全覆盖工作。在具备条件的行政村，开展金融服务"村村通"工程，采取定时定点服务、自助服务终端，以及深化助农取款、汇款、转账服务和手机支付等多种形式，提供简易便民的金融服务（银监会、中国人民银行、财政部等按职责分工分别负责）。

（三）加大金融扶贫力度

进一步发挥政策性金融、商业性金融和合作性金融的互补优势，切实改进对农民工、农村妇女、少数民族等弱势群体的金融服务。完善扶贫贴息贷款政策，引导金融机构全面做好支持农村贫困地区扶贫攻坚的金融服务工作（中国人民银行、财政部、银监会等按职责分工分别负责）。

三、引导加大涉农资金投放

（一）拓展资金来源

优化支农再贷款投放机制，向农村商业银行、农村合作银行、村镇银行发放支小再贷款，主要用于支持"三农"和农村地区小微企业发展。支持银行业金融机构发行专项用于"三农"的金融债。开展涉农资产证券化试点。对符合"三农"金融服务要求的县域农村商业银行和农村合作银行，适当降低存款准备金率（中国人民银行、银监会、证监会等按职责分工分别负责）。

（二）强化政策引导

切实落实县域银行业法人机构一定比例存款投放当地的政策。探索建立商业银行新设县域分支机构信贷投放承诺制度。支持符合监管要求的县域银行业金融机构扩大信贷投放，持续提高存贷比（中国人民银行、银监会、财政部等按职责分工分别负责）。

（三）完善信贷机制

在强化涉农业务全面风险管理的基础上，鼓励商业银行单列涉农信贷计划，下放贷款审批权限，优化绩效考核机制，推行尽职免责制度，调动"三农"信贷投放的内在积极性（银监会、中国人民银行等按职责分工分别负责）。

四、创新农村金融产品和服务方式

（一）创新农村金融产品

推行"一次核定、随用随贷、余额控制、周转使用、动态调整"的农户信贷模式，合理确定贷款额度、放款进度和回收期限。加快在农村地区推广应用微贷技术。推广产业链金融模式。大力发展农村电话银行、网上银行业务。创新和推广专营机构、信贷工厂等服务模式。鼓励开展农业机械等方面的金融租赁业务（银监会、中国人民银行、农业部、工业和信息化部、发展改革委等按职责分工分别负责）。

（二）创新农村抵（质）押担保方式

制定农村土地承包经营权抵押贷款试点管理办法，在经批准的地区开展试点。慎重稳妥地开展农民住房财产权抵押试点。健全完善林权抵押登记系统，扩大林权抵押贷款规模。推广以农业机械设备、运输工具、水域滩涂养殖权、承包土地收益权等为标的的新型抵押担保方式。加强涉农信贷与涉农保险合作，将涉农保险投保情况作为授信要素，探索拓宽涉农保险保单质押范围（中国人民银行、银监会、保监会、国土资源部、农业部、林业局等按职责分工分别负责）。

（三）改进服务方式

进一步简化金融服务手续，推行通俗易懂的合同文本，优化审批流程，规范服务收费，严禁在提供金融服务时附加不合理条件和额外费用，切实维护农民利益（银监会、证监会、保监会、发展改革委、中国人民银行等按职责分工分别负责）。

五、加大对重点领域的金融支持

（一）支持农业经营方式创新

在部分地区开展金融支持农业规模化生产和集约化经营试点。积极推动金融产品、利率、期限、额度、流程、风险控制等方面创新，进一步满足家庭农场、专业大户、农民合作社和农业产业化龙头企业等新型农业经营主体的金融需求。继续加大对农民扩大再生产、消费升级和自主创业的金融支持力度（银监会、中国人民银行、农业部、证监会、保监会、发展改革委等按职责分工分别负责）。

（二）支持提升农业综合生产能力

加大对耕地整理、农田水利、粮棉油糖高产创建、畜禽水产品标准化养殖、种养业良种生产等经营项目的信贷支持力度。重点支持农业科技进步、现代种业、农机装备制造、设施农业、农产品精深加工等现代农业项目和高科技农业项目（银监会、中国人民银行、发展改革委、农业部等按职责分工分别负责）。

（三）支持农业社会化服务产业发展

支持农产品产地批发市场、零售市场、仓储物流设施、连锁零售等服务设施建设（银监会、中国人民银行、发展改革委、财政部、农业部、商务部、供销合作总社等按职责分工分别负责）。

（四）支持农业发展方式转变

大力发展绿色金融，促进节水农业、循环农业和生态友好型农业发展（中国人民银行、银监会、农业部、林业局、发展改革委等按职责分工分别负责）。

（五）探索支持新型城镇化发展的有效方式

创新适应新型城镇化发展的金融服务机制，重点发挥政策性金融作用，稳步拓宽城镇建设融资渠道，着力做好农业转移人口的综合性金融服务（中国人民银行、发展改革委、财政部、银监会等按职责分工分别负责）。

六、拓展农业保险的广度和深度

（一）扩大农业保险覆盖面

重点发展关系国计民生和国家粮食安全的农作物保险、主要畜产品保险、重要"菜篮子"品种保险和森林保险。推广农房、农机具、设施农业、渔业、制种保险等业务（保监会、财政部、农业部、林业局等按职责分工分别负责）。

（二）创新农业保险产品

稳步开展主要粮食作物、生猪和蔬菜价格保险试点，鼓励各地区因地制宜开展特色优势农产品保险试点。创新研发天气指数、农村小额信贷保证保险等新型险种（保监会、财政部、农业部、林业局、银监会、发展改革委等按职责分工分别负责）。

（三）完善保费补贴政策

提高中央、省级财政对主要粮食作物保险的保费补贴比例，逐步减少或取消产粮大县的县级保费补贴（财政部、保监会、农业部等按职责分工分别负责）。

（四）加快建立财政支持的农业保险大灾风险分散机制

增强对重大自然灾害风险的抵御能力（财政部、保监会、农业部等按职责分工分别负责）。

（五）加强农业保险基层服务体系建设，不断提高农业保险服务水平

（保监会、财政部、农业部、林业局等按职责分工分别负责）。

七、稳步培育发展农村资本市场

（一）大力发展农村直接融资

支持符合条件的涉农企业在多层次资本市场上进行融资，鼓励发行企业债、公司债和中小企业私募债。逐步扩大涉农企业发行中小企业集合票据、短期融资券等非金融企业债务融资工具的规模。支持符合条件的农村金融机构发行优先股和二级资本工具（证监会、中国人民银行、发展改革委、银监会等按职责分工分别负责）。

（二）发挥农产品期货市场的价格发现和风险规避功能

积极推动农产品期货新品种开发，拓展农产品期货业务。完善商品期货交易机制，加强信息服务，推动农民合作社等农村经济组织参与期货交易，鼓励农产品生产经营企业进入期货市场开展套期保值业务（证监会负责）。

（三）谨慎稳妥地发展农村地区证券期货服务

根据农村地区特点，有针对性地提升证券期货机构的专业能力，探索建立农村地区证券期货服务模式，支持农户、农业企业和农村经济组织进行风险管理，加强对投资者的风险意识教育和风险管理培训，切实保护投资者合法权益（证监会负责）。

八、完善农村金融基础设施

（一）推进农村信用体系建设

继续组织开展信用户、信用村、信用乡（镇）创建活动，加强征信宣传教育，坚决打击骗贷、骗保和恶意逃债行为（中国人民银行、银监会、保监会、公安部、发展改革委等按职责分工分别负责）。

（二）发展农村交易市场和中介组织

在严格遵守《国务院关于清理整顿各类交易场所切实防范金融风险的决定》（国发〔2011〕38号）的前提下，探索推进农村产权交易市场建设，积极培育土地评估、资产评估等中介组织，建设具有国内外影响力的农产品交易中心（证监会、发展改革委、国土资源部、农业部、财政部等按职责分工分别负责）。

（三）改善农村支付服务环境

推广非现金支付工具和支付清算系统，稳步推广农村移动便捷支付，不断提高农村地区支付服务水平（中国人民银行、工业和信息化部、银监会等按职责分工分别负责）。

（四）保护农村金融消费者权益

畅通农村金融消费者诉求渠道，妥善处理金融消费纠纷。继续开展送金融知识下乡、入社区、进校园活动，提高金融知识普及教育的有效性和针对性，增强广大农民风险识别、自我保护的意识和能力（银监会、证监会、保监会、中国人民银行、公安部等按职责分工分别负责）。

九、加大对"三农"金融服务的政策支持

（一）健全政策扶持体系

完善政策协调机制，加快建立导向明确、激励有效、约束严格、协调配套的长期化、制度化农村金融政策扶持体系，为金融

机构开展"三农"业务提供稳定的政策预期（财政部、中国人民银行、银监会、税务总局、证监会、保监会等按职责分工分别负责）。

（二）加大政策支持力度

按照"政府引导、市场运作"原则，综合运用奖励、补贴、税收优惠等政策工具，重点支持金融机构开展农户小额贷款、新型农业经营主体贷款、农业种植业养殖业贷款、大宗农产品保险，以及银行卡助农取款、汇款、转账等支农惠农政策性支付业务。按照"鼓励增量，兼顾存量"原则，完善涉农贷款财政奖励制度。优化农村金融税收政策，完善农户小额贷款税收优惠政策。落实对新型农村金融机构和基础金融服务薄弱地区的银行业金融机构（网点）的定向费用补贴政策。完善农村信贷损失补偿机制，探索建立地方财政出资的涉农信贷风险补偿基金。对涉农贷款占比高的县域银行业法人机构实行弹性存贷比，优先支持开展"三农"金融产品创新（财政部、中国人民银行、税务总局、银监会、保监会等按职责分工分别负责）。

（三）完善涉农贷款统计制度

全面、及时、准确反映农林牧渔业贷款、农户贷款、农村小微企业贷款以及农民合作社贷款情况，依据涉农贷款统计的多维口径制定金融政策和差别化监管措施，提高政策支持的针对性和有效性（中国人民银行、银监会等按职责分工分别负责）。

（四）开展政策效果评估

不断完善相关政策措施，更好地引导带动金融机构支持"三农"发展（财政部、中国人民银行、银监会、农业部、税务总局、证监会、保监会等按职责分工分别负责）。

（五）防范金融风险

金融管理部门要按照职责分工，加强金融监管，着力做好风险识别、监测、评估、预警和控制工作，进一步发挥金融监管协调部际联席会议制度的作用，不断健全新形势下的风险处置机制，切实维护金融稳定。各金融机构要进一步健全制度，完善风险管理。地方人民政府要按照监管规则和要求，切实担负起对小额贷款公司、担保公司、典当行、农村资金互助合作组织的监管责任，层层落实突发金融风险事件处置的组织职责，制定完善风险应对预案，守住底线（银监会、证监会、保监会、中国人民银行等按职责分工分别负责）。

（六）加强督促检查

各地区、各有关部门和各金融机构要按照国务院统一部署，增强做好"三农"金融服务工作的责任感和使命感，各司其职，协调配合，扎实推动各项工作。地方各级人民政府要结合本地区实际，抓紧研究制定扶持政策，加大对农村金融改革发展的政策支持力度。各省、自治区、直辖市人民政府要按年度对本地区金融支持"三农"发展工作进行全面总结，提出政策意见和建议，于次年1月底前报国务院。各有关部门要按照职责分工精心组织，切实抓好贯彻落实工作，银监会要牵头做好督促检查和各地区工作情况的汇总工作，确保各项政策措落实到位。

国务院办公厅

2014 年 4 月 20 日

第二节 农业部关于促进家庭农场发展的指导意见

2014 年 2 月 24 日，农业部以农经发〔2014〕1 号印发《关于促进家庭农场发展的指导意见》（以下简版《意见》）。该《意见》分充分认识促进家庭农场发展的重要意义、把握家庭农场基本特征、明确工作指导要求、探索建立家庭农场管理服务制度、引导承包土地向家庭农场流转、落实对家庭农场的相关扶持政策、强化面向家庭农场的社会化服务、完善家庭农场人才支撑政策、引导家庭农场加强联合与合作、加强组织领导十部分。

近年来各地顺应形势发展需要，积极培育和发展家庭农场，取得了初步成效，积累了一定经验。为贯彻落实党的十八届三中全会、中央农村工作会议精神和中央 1 号文件要求，加快构建新型农业经营体系，现就促进家庭农场发展提出以下意见。

一、充分认识促进家庭农场发展的重要意义

当前，我国农业农村发展进入新阶段，要应对农业兼业化、农村空心化、农民老龄化，解决谁来种地、怎样种好地的问题，亟需加快构建新型农业经营体系。家庭农场作为新型农业经营主体，以农民家庭成员为主要劳动力，以农业经营收入为主要收入来源，利用家庭承包土地或流转土地，从事规模化、集约化、商品化农业生产，保留了农户家庭经营的内核，坚持了家庭经营的基础性地位，适合我国基本国情，符合农业生产特点，契合经济社会发展阶段，是农户家庭承包经营的升级版，已成为引领适度规模经营、发展现代农业的有生力量。各级农业部门要充分认识发展家庭农场的重要意义，把这项工作摆上重要议事日程，切实加强政策扶持和工作指导。

二、把握家庭农场基本特征

现阶段，家庭农场经营者主要是农民或其他长期从事农业生产的人员，主要依靠家庭成员而不是依靠雇工从事生产经营活动。家庭农场专门从事农业，主要进行种养业专业化生产，经营者大都接受过农业教育或技能培训，经营管理水平较高，示范带动能力较强，具有商品农产品生产能力。家庭农场经营规模适度，种养规模与家庭成员的劳动生产能力和经营管理能力相适应，符合当地确定的规模经营标准，收入水平能与当地城镇居民相当，实现较高的土地产出率、劳动生产率和资源利用率。各地要正确把握家庭农场特征，从实际出发，根据产业特点和家庭农场发展进程，引导其健康发展。

三、明确工作指导要求

在我国，家庭农场作为新生事物，还处在发展的起步阶段。当前主要是鼓励发展、支持发展，并在实践中不断探索、逐步规范。发展家庭农场要紧紧围绕提高农业综合生产能力、促进粮食生产、农业增效和农民增收来开展，要重点鼓励和扶持家庭农场发展粮食规模化生产。要坚持农村基本经营制度，以家庭承包经营为基础，在土地承包经营权有序流转的基础上，结合培育新型农业经营主体和发展农业适度规模经营，通过政策扶持、示范引导、完善服务，积极稳妥地加以推进。要充分认识到，在相当长时期内普通农户仍是农业生产经营的基础，在发展家庭农场的同时，不能忽视普通农户的地位和作用。要充分认识到，不断发展起来的家庭经营、集体经营、合作经营、企业经营等多种经营方式，各具特色、各有优势，家庭农场与专业大户、农民合作社、农业产业化经营组织、农业企业、社会化服务组织等多种经营主体，都有各自的适应性和发展空间，发展家庭农场不排斥其他农业经营形式和经营主体，不只追求一种模式、一个标准。要充分认识到，家庭农场发展是一个渐进过程，要靠农民自主选择，防止脱离当地实际、违背农民意愿、片面追求超大规模经营的倾向，人为归大堆、垒大户。

四、探索建立家庭农场管理服务制度

为增强扶持政策的精准性、指向性，县级农业部门要建立家庭农场档案，县以上农业部门可从当地实际出发，明确家庭农场认定标准，对经营者资格、劳动力结构、收入构成、经营规模、管理水平等提出相应要求。各地要积极开展示范家庭农场创建活动，建立和发布示范家庭农场名录，引导和促进家庭农场提高经营管理水平。依照自愿原则，家庭农场可自主决定办理工商注册登记，以取得相应市场主体资格。

五、引导承包土地向家庭农场流转

健全土地流转服务体系，为流转双方提供信息发布、政策咨询、价格评估、合同签订指导等便捷服务。引导和鼓励家庭农场经营者通过实物计租货币结算、租金动态调整、土地经营权入股保底分红等利益分配方式，稳定土地流转关系，形成适度的土地经营规模。鼓励有条件的地方将土地确权登记、互换并地与农田基础设施建设相结合，整合高标准农田建设等项目资金，建设连片成方、旱涝保收的农田，引导流向家庭农场等新型经营主体。

六、落实对家庭农场的相关扶持政策

各级农业部门要将家庭农场纳入现有支农政策扶持范围，并予以倾斜，重点支持家庭农场稳定经营规模、改善生产条件、提高技术水平、改进经营管理等。加强与有关部门沟通协调，推动落实涉农建设项目、财政补贴、税收优惠、信贷支持、抵押担保、农业保险、设施用地等相关政策，帮助解决家庭农场发展中遇到的困难和问题。

七、强化面向家庭农场的社会化服务

基层农业技术推广机构要把家庭农场作为重要服务对象，有效提供农业技术推广、优良品种引进、动植物疫病防控、质量检测检验、农资供应和市场营销等服务。支持有条件的家庭农场建设试验示范基地，担任农业科技示范户，参与实施农业技术推广项目。引导和鼓励各类农业社会化服务组织开展面向家庭农场的代耕代种代收、病虫害统防统治、肥料统配统施、集中育苗育秧、灌溉排水、贮藏保鲜等经营性社会化服务。

八、完善家庭农场人才支撑政策

各地要加大对家庭农场经营者的培训力度，确立培训目标、丰富培训内容、增强培训实效，有计划地开展培训。要完善相关政策措施，鼓励中高等学校特别是农业职业院校毕业生、新型农民和农村实用人才、务工经商返乡人员等兴办家庭农场。将家庭农场经营者纳入新型职业农民、农村实用人才、"阳光工程"等培育计划。完善农业职业教育制度，鼓励家庭农场经营者通过多种形式参加中高等职业教育提高学历层次，取得职业资格证书或农民技术职称。

九、引导家庭农场加强联合与合作

引导从事同类农产品生产的家庭农场通过组建协会等方式，加强相互交流与联合。鼓励家庭农场牵头或参与组建合作社，带动其他农户共同发展。鼓励工商企业通过订单农业、示范基地等

方式，与家庭农场建立稳定的利益联结机制，提高农业组织化程度。

十、加强组织领导

各级农业部门要深入调查研究，积极向党委、政府反映情况、提出建议，研究制定本地区促进家庭农场发展的政策措施，加强与发改、财政、工商、国土、金融、保险等部门协作配合，形成工作合力，共同推进家庭农场健康发展。要加强对家庭农场财务管理和经营指导，做好家庭农场统计调查工作。及时总结家庭农场发展过程中的好经验、好做法，充分运用各类新闻媒体加强宣传，营造良好社会氛围。

国有农场可参照本意见，对农场职工兴办家庭农场给予指导和扶持。

农业部

2014 年 2 月 24 日

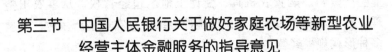

第三节 中国人民银行关于做好家庭农场等新型农业经营主体金融服务的指导意见

为贯彻落实党的十八届三中全会、中央经济工作会议、中央农村工作会议和《中共中央国务院关于全面深化农村改革加快推进农业现代化的若干意见》（中发〔2014〕1号）精神，扎实做好家庭农场等新型农业经营主体金融服务，现提出如下意见。

一、充分认识新形势下做好家庭农场等新型农业经营主体金融服务的重要意义

家庭农场、专业大户、农民合作社、产业化龙头企业等新型农业经营主体是当前实现农村农户经营制度基本稳定和农业适度规模经营有效结合的重要载体。培育发展家庭农场等新型农业经营主体，加大对新型农业经营主体的金融支持，对于加快推进农业现代化、促进城乡统筹发展和实现"四化同步"目标具有重要意义。中国人民银行各分支机构、各银行业金融机构要充分认识农业现代化发展的必然趋势和家庭农场等新型农业经营主体的历史地位，积极推动金融产品、利率、期限、额度、流程、风险控制等方面创新，合理调配信贷资源，扎实做好新型农业经营主体各项金融服务工作，支持和促进农民增收致富和现代农业加快发展。

二、切实加大对家庭农场等新型农业经营主体的信贷支持力度

各银行业金融机构对经营管理比较规范、主要从事农业生产、有一定生产经营规模、收益相对稳定的家庭农场等新型农业经营主体，应采取灵活方式确定承贷主体，按照"宜场则场、宜户则户、宜企则企、宜社则社"的原则，简化审贷流程，确保其合理信贷需求得到有效满足。重点支持新型农业经营主体购买农业生产资料、购置农机具、受让土地承包经营权、从事农田整理、农田水利、大棚等基础设施建设维修等农业生产用途，发展多种形式规模经营。

三、合理确定贷款利率水平，有效降低新型农业经营主体的融资成本

对于符合条件的家庭农场等新型农业经营主体贷款，各银行业金融机构应从服务现代农业发展的大局出发，根据市场化原则，综合调配信贷资源，合理确定利率水平。对于地方政府出台了财政贴息和风险补偿政策以及通过抵质押或引入保险、担保机制等符合条件的新型农业经营主体贷款，利率原则上应低于本机构同类同档次贷款利率平均水平。各银行业金融机构在贷款利率之外不应附加收费，不得搭售理财产品或附加其他变相提高融资成本的条件，切实降低新型农业经营主体融资成本。

四、适当延长贷款期限，满足农业生产周期实际需求

对日常生产经营和农业机械购买需求，提供1年期以内短期流动资金贷款和1~3年期中长期流动资金贷款支持；对于受让土地承包经营权、农田整理、农田水利、农业科技、农业社会化服务体系建设等，可以提供3年期以上农业项目贷款支持；对于从事林木、果业、茶叶及林下经济等生长周期较长作物种植的，贷款期限最长可为10年，具体期限由金融机构与借款人根据实际情况协商确定。在贷款利率和期限确定的前提下，可适当延长本息的偿付周期，提高信贷资金的使用效率。对于林果种植等生产周期较长的贷款，各银行业金融机构可在风险可控的前提下，允许贷款到期后适当展期。

五、合理确定贷款额度，满足农业现代化经营资金需求

各银行业金融机构要根据借款人生产经营状况、偿债能力、还款来源、贷款真实需求、信用状况、担保方式等因素，合理确定新型农业经营主体贷款的最高额度。原则上，从事种植业的专业大户和家庭农场贷款金额最高可以为借款人农业生产经营所需投入资金的70%，其他专业大户和家庭农场贷款金额最高可以为借款人农业生产经营所需投入资金的60%。家庭农场单户贷款原则上最高可达1 000万元。鼓励银行业金融机构在信用评定基础上对农民合作社示范社开展联合授信，增加农民合作社发展资金，支持农村合作经济发展。

六、加快农村金融产品和服务方式创新，积极拓宽新型农业经营主体抵质押担保物范围

各银行业金融机构要加大农村金融产品和服务方式创新力度，针对不同类型、不同经营规模家庭农场等新型农业经营主体的差异化资金需求，提供多样化的融资方案。对于种植粮食类新型农业经营主体，应重点开展农机具抵押、存货抵押、大额订单质押、涉农直补资金担保、土地流转收益保证贷款等业务，探索开展粮食生产规模经营主体营销贷款创新产品；对于种植经济作物类新型农业经营主体，要探索蔬菜大棚抵押、现金流抵押、林权抵押、应收账款质押贷款等金融产品；对于畜禽养殖类新型农业经营主体，要重点创新厂房抵押、畜禽产品抵押、水域滩涂使用权抵押贷款业务；对产业化程度高的新型农业经营主体，要开展"新型农业经营主体＋农户"等供应链金融服务；对资信情况良好、资金周转量大的新型农业经营主体要积极发放信用贷款。中国人民银行各分支机构要根据中央统一部署，主动参与制定辖区试点实施方案，因地制宜，统筹规划，积极稳妥推动辖内农村土地承包经营权抵押贷款试点工作，鼓励金融机构推出专门的农村土地承包经营权抵押贷款产品，配置足够的信贷资源，创新开展农村土地承包经营权抵押贷款业务。

七、加强农村金融基础设施建设，努力提升新型农业经营主体综合金融服务水平

进一步改善农村支付环境，鼓励各商业银行大力开展农村支付业务创新，推广 POS 机、网上银行、电话银行等新型支付业务，多渠道为家庭农场提供便捷的支付结算服务。支持农村粮食、蔬菜、农产品、农业生产资料等各类专业市场使用银行卡、电子汇划等非现金支付方式。探索依托超市、农资站等组建村组金融服务联系点，深化银行卡助农取款服务和农民工银行卡特色服务，进一步丰富村组的基础性金融服务种类。完善农村支付服务政策扶持体系。持续推进农村信用体系建设，建立健全对家庭农场、专业大户、农民合作社的信用采集和评价制度，鼓励金融机构将新型农业经营主体的信用评价与信贷投放相结合，探索将家庭农场纳入征信系统管理，将家庭农场主要成员一并纳入管理，支持守信家庭农场融资。

八、切实发挥涉农金融机构在支持新型农业经营主体发展中的作用

农村信用社（包括农村商业银行、农村合作银行）要增强支农服务功能，加大对新型农业经营主体的信贷投入；农业发展银行要围绕粮棉油等主要农产品的生产、收购、加工、销售，通过"产业化龙头企业＋家庭农场"等模式促进新型农业经营主体做大做强。积极支持农村土地整治开发、高标准农田建设、农田水利等农村基础设施建设，改善农业生产条件；农业银行要充分利用作为国有商业银行"面向三农"的市场定位和"三农金融事业部"改革的特殊优势，创新完善针对新型农业经营主体的贷款产品，探索服务家庭农场的新模式；邮政储蓄银行要加大对"三农"金融业务的资源配置，进一步强化县以下机构网点功能，不断丰富针对家庭农场等新型农业经营主体的信贷产品。农业发展银行、农业银行、邮政储蓄银行和农村信用社等涉农金融机构要积极探索支持新型农业经营主体的有效形式，可选择部分农业生产重点省份的县（市），提供"一对一服务"，重点支持一批家庭农场等新型农业经营主体发展现代农业。其他涉农银行业金融机构及小额贷款公司，也要在风险可控前提下，创新信贷管理体制，优化信贷管理流程，积极支持新型农业经营主体发展。

九、综合运用多种货币政策工具，支持涉农金融机构加大对家庭农场等新型农业经营主体的信贷投入

中国人民银行各分支机构要综合考虑差别准备金动态调整机制有关参数，引导地方法人金融机构增加县域资金投入，加大对家庭农场等新型农业经营主体的信贷支持。对于支持新型农业经营主体信贷投放较多的金融机构，要在发放支农再贷款、办理再贴现时给予优先支持。通过支农再贷款额度在地区间的调剂，不断加大对粮食主产区的倾斜，引导金融机构增加对粮食主产区新型农业经营主体的信贷支持。

十、创新信贷政策实施方式

中国人民银行各分支机构要将新型农业经营主体金融服务工作与农村金融产品和服务方式创新、农村金融产品创新示范县创建工作有机结合，推动涉农信贷政策产品化，力争做到"一行一品"，确保政策落到实处。充分发挥县域法人金融机构新增存款一定比例用于当地贷款考核政策的引导作用，提高县域法人金融机构支持新型农业经营主体的意愿和能力。深入开展涉农信贷政策导向效果评估，将对新型农业经营主体的信贷投放情况纳入信贷政策导向效果评估，以评估引导带动金融机构支持新型农业经营主体发展。

十一、拓宽家庭农场等新型农业经营主体多元化融资渠道

对经工商注册为有限责任公司、达到企业化经营标准、满足规范化信息披露要求且符合债务融资工具市场发行条件的新型家庭农场，可在银行间市场建立绿色通道，探索公开或私募发债融资。支持符合条件的银行发行金融债券专项用于"三农"贷款，加强对募集资金用途的后续监督管理，有效增加新型农业经营主体信贷资金来源。鼓励支持金融机构选择涉农贷款开展信贷资产证券化试点，盘活存量资金，支持家庭农场等新型农业经营主体发展。

十二、加大政策资源整合力度

中国人民银行各分支机构要积极推动当地政府出台对家庭农场等新型农业经营主体贷款的风险奖补政策，切实降低新型农业经营主体融资成本。鼓励有条件的地区由政府出资设立融资性担保公司或在现有融资性担保公司中拿出专项额度，为新型农业经营主体提供贷款担保服务。各银行业金融机构要加强与办理新型农业经营主体担保业务的担保机构的合作，适当扩大保证金的放大倍数，推广"贷款＋保险"的融资模式，满足新型农业经营主体的资金需求。推动地方政府建立农村产权交易市场，探索农村集体资产有序流转的风险防范和保障制度。

十三、加强组织协调和统计监测工作

中国人民银行各分支机构要加强与地方政府有关部门和监管部门的沟通协调，建立信息共享和工作协调机制，确保对家庭农场等新型农业经营主体的金融服务政策落到实处。要积极开展对辖区内各经办银行的业务指导和统计分析，按户、按金融机构做好家庭农场等新型农业经营主体金融服务的季度统计报告，动态

跟踪辖区内新型农业经营主体金融服务工作进展情况。同时要密切关注主要农产品生产经营形势、供需情况、市场价格变化，防范新型农业经营主体信贷风险。

第五章 新型职业农民综合知识

第一节 积极稳妥地发展家庭农场

党的十八届三中全会通过的《中共中央关于全面深化改革若干重大问题的决定》提出，"坚持家庭经营在农业中的基础性地位，推进家庭经营、集体经营、合作经营、企业经营等共同发展的农业经营方式创新"。中央1号文件进一步提出，要以解决好"地怎么种"为导向加快构建新型农业经营体系。引导和扶持家庭农场发展，是推动农业经营方式创新、解决好"地怎么种"的重要途径。为此，必须准确把握家庭农场的基本特征，充分认识其发展的重要意义，积极稳妥地引导和扶持家庭农场健康发展。

一、准确把握家庭农场的基本特征

近年来，我国家庭农场发展开始起步，正成为一种新型的农业经营方式。据农业部调查统计，截至2012年底，全国有符合统计条件的家庭农场87.7万个，经营耕地面积达到1.76亿亩，占全国承包耕地总面积的13.4%；平均每个家庭农场经营耕地面积达到200.2亩，2012年每个家庭农场经营收入达到18.47万元。总结各地实践，家庭农场是指以农民家庭成员为主要劳动力，利用家庭承包土地或流转土地，从事规模化、集约化、商品化农业生产，以农业经营收入为家庭主要收入来源的农业生产经营单位，是农户家庭承包经营的"升级版"。准确把握我国家庭农场的基本特征，既要借鉴国外家庭农场的一般特性，又要切合我国基本国情和农情。具体可从以下 4 个方面来把握。

第一，以家庭为生产经营单位。家庭农场的兴办者是农民，是家庭。相对于专业大户、合作社和龙头企业等其他新型农业经营主体，家庭农场最鲜明的特征是以家庭成员为主要劳动力，以家庭为基本核算单位。家庭农场在要素投入、生产作业、产品销售、成本核算、收益分配等环节，都以家庭为基本单位，继承和体现家庭经营产权清晰、目标一致、决策迅速、劳动监督成本低等诸多优势。家庭成员劳动力可以是户籍意义上的核心家庭成员，也可以是有血缘或姻缘关系的大家庭成员。家庭农场不排斥雇工，但雇工一般不超过家庭务农劳动力数量，主要为农忙时临时性雇工。

第二，以农为主业。家庭农场以提供商品性农产品为目的开展专业化生产，这使其区别于自给自足、小而全的农户和从事非农产业为主的兼业农户。家庭农场的专业化生产程度和农产品商品率较高，主要从事种植业、养殖业生产，实行一业为主或种养结合的农业生产模式，满足市场需求、获得市场认可是其生存和发展的基础。家庭成员可能会在农闲时外出打工，但其主要劳动场所在农场，以农业生产经营为主要收入来源，是新时期职业农民的主要构成部分。

第三，以集约生产为手段。家庭农场经营者具有一定的资本投入能力、农业技能和管理水平，能够采用先进技术和装备，经营活动有比较完整的财务收支记录。这种集约化生产和经营水平的提升，使得家庭农场能够取得较高的土地产出率、资源利用率和劳动生产率，对其他农户开展农业生产起到示范带动作用。

第四，以适度规模经营为基础。家庭农场的种植或养殖经营必须达到一定规模，这是区别于传统小农户的重要标志。结合我国农业资源禀赋和发展实际，家庭农场经营的规模并非越大越好。

其适度性主要体现在：经营规模与家庭成员的劳动能力相匹配，确保既充分发挥全体成员的潜力，又避免因雇工过多而降低劳动效率；经营规模与能取得相对体面的收入相匹配，即家庭农场人均收入达到甚至超过当地城镇居民的收入水平。

二、充分认识发展家庭农场的重要意义

当前，我国农业农村发展进入新阶段，应对农业兼业化、农村空心化、农民老龄化的趋势，亟须构建集约化、专业化、组织化、社会化相结合的新型农业经营体系。家庭农场保留了农户家庭经营的内核，坚持了家庭经营在农业中的基础性地位，适合我国基本国情，符合农业生产特点，契合经济社会发展阶段，是引领农业适度规模经营、构建新型农业经营体系的有生力量。

第一，发展家庭农场是应对"谁来种地、地怎么种"问题的需要。一方面，大量青壮年劳动力离土进城，在一些地方出现农业兼业化、土地粗放经营甚至撂荒，需要把进城农民的地流转给愿意种地、能种好地的专业农民；另一方面，一些地方盲目鼓励工商企业长时间、大面积租种农民承包地，既挤占农民就业空间，也容易导致"非粮化"、"非农化"。培育以农户为单位的家庭农场，则是在企业大规模种地和小农户粗放经营之间走的"中间路线"，既有利于实现农业集约化、规模化经营，又可以避免企业大量租地带来的种种弊端。

第二，发展家庭农场是坚持和完善农村基本经营制度的需要。随着市场经济的发展，传统农户小生产与大市场对接难的矛盾日益突出，使一些人对家庭经营能否适应现代农业发展要求产生疑问。在承包农户基础上孕育出的家庭农场，既发挥了家庭经营的独特优势，符合农业生产特点要求，又克服了承包农户"小而全"的不足，适应现代农业发展要求，具有旺盛的生命力和广阔的发展前景。培育和发展家庭农场，很好地坚持了家庭经营在农业中的基础性地位，完善了家庭经营制度和统分结合的双层经营体制。

第三，发展家庭农场是发展农业适度规模经营和提高务农效益，兼顾劳动生产率与土地产出率同步提升的需要。土地经营规模的变化，会对劳动生产率、土地产出率产生不同的影响。如果土地经营规模太小，虽然可以实现较高的土地产出率，但会影响劳动生产率，制约农民增收。目前，许多地方大量农民外出务工，根本原因在于土地经营规模过小，务农效益低。户均半公顷地，无论怎么经营都很难提高务农效益。当然，如果土地经营规模过大，虽然可以实现较高的劳动生产率，但会影响土地产出率，不利于农业增产，也不符合我国人多地少的国情农情。因此，发展规模经营既要注重提升劳动生产率，也要兼顾土地产出率，把经营规模控制在"适度"范围内。家庭农场以家庭成员为主要劳动力，在综合考虑土地自然状况、家庭成员劳动能力、农业机械化水平、经营作物品种等因素的情况下，能够形成较为合理的经营规模，既提高了务农效益和家庭收入水平，又能够实现土地产出率与劳动生产率的优化配置。

第四，发展家庭农场是借鉴国际经验教训，提高我国农业市场竞争力的需要。随着农产品市场的日益国际化，如何提高农户家庭经营的专业化、规模化水平，以确保我国农业生产的市场竞争力，是我们必须从长计议、做出前瞻性战略部署的重大课题。环顾世界，在工业化、城镇化过程中如何培育农业规模经营主体，主要有两个误区：一是一些国家盲目鼓励工商资本下乡种地，导致大量农民被迫进城，形成贫民窟，给国家经济社会转型升级造成严重影响。二是一些国家和地区长期在保持小农经营与促进规模经营之间犹豫不决，导致农业规模经营户发展艰难，农业市场竞争力始终上不去甚至下降。从长远讲，提升我国农业市

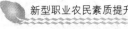

场竞争力必须尽快明确发展家庭农场的战略目标，建立健全相应的引导和扶持政策体系，促进农业适度规模经营发展。

三、引导和扶持家庭农场发展

我国家庭农场刚刚起步，其发展是一个循序渐进的过程。目前，发展家庭农场虽然具备了前所未有的机遇，但仍面临着诸多条件限制和困难。工作中，我们要充分认识发展家庭农场的长期性和艰巨性，坚持方向性与渐进性相统一，认清条件、顺势而为，克服困难、积极作为。

第一，认清条件，因地制宜。家庭农场的发展与土地适度集聚分不开，而土地适度集聚又必须与二三产业发展和农村劳动力转移相适应，不能人为超越。只有农村劳动力大量转移、一家一户的小规模农户流转出承包地成为可能，才具备家庭农场集聚土地的条件。而我国工业化、城镇化的发展是一个长期过程，各地经济社会发展水平又不平衡，这就决定了家庭农场发展的长期性、艰巨性。引导家庭农场健康发展，必须从我国当前所处的发展阶段和各地实际出发，科学把握条件，因地制宜、分类指导，防止拔苗助长、一哄而上。要充分认识到，在相当长时期内普通农户仍是农业生产经营的基础，在发展家庭农场的同时，绝不能忽视普通农户的地位和作用。

第二，引导土地经营权向家庭农场流转。除了自家少量承包地外，家庭农场的大部分经营土地需要通过租赁其他农户承包地的方式获得，这也决定了我国家庭农场的重要特征是租地农场。从国外经验看，租地农场发展往往面临租金负担重、租期短且不稳定的约束，这也正是人多地少的东亚国家家庭农场发展缓慢的重要原因。目前，农村土地承包经营权确权不到位、权能不完善；农村土地流转服务平台不健全、流转信息不畅通；工商资本盲目下乡租地，推动租金过快上涨，都使家庭农场扩大经营规模面临不少困难。为此，要抓紧抓实农村土地承包经营权确权登记颁证工作，为土地经营权流转奠定坚实基础；建立健全土地流转公开市场，完善县乡村三级服务和管理网络，为流转双方提供信息发布、政策咨询、价格监测等服务；加强土地流转合同管理，提高合同履约率，依法保护流入方的土地经营权，稳定土地流转关系。鼓励有条件的地方对长期流转出承包地的农户给予奖补。

第三，引导家庭农场形成合理的土地经营规模。家庭农场的土地经营规模并非越大越好，规模过大不仅会超出家庭成员劳动能力，导致土地产出率下降，而且也不符合人多地少的基本国情农情。按照与家庭成员的劳动能力和生产手段相匹配、与能够取得相对体面的收入相匹配，引导家庭农场形成适度土地经营规模。据调查，现阶段从事粮食作物生产的，一年两熟制地区户均耕种 50～60 亩、一年一熟制地区户均耕种 100～120 亩，就大体能够体现上述"适度性"，使经营农业有效益，使务农取得体面收入。当然，这种"适度"因自然条件、从事行业、种植品种及其生产手段等不同而有差异。鼓励各地充分考虑地区差异，研究提出本地区家庭农场土地经营规模的适宜标准。要防止脱离当地实际，片面追求超大规模的倾向，人为归大堆、垒大户。

第四，加强对家庭农场经营者的培养。目前，大多数家庭农场发源于传统的承包农户，经营者文化水平总体较低，缺乏技术和经营管理能力。要加快培育新型职业农民，逐步培养一大批有文化、懂技术、会管理的家庭农场经营者。完善相关政策措施，鼓励中高等学校特别是农业职业院校毕业生、务工经商返乡人员兴办家庭农场。鼓励家庭农场经营者通过多种形式参加中高等职业教育，取得职业资格证书或农民技术职称。

第五，健全对家庭农场的相关扶持政策。家庭农场开展规模化生产经营，对信贷、保险、设施用地、社会化服务等提出了新的要求。要将家庭农场纳入现有支农政策扶持范围并予以倾斜，重点支持家庭农场稳定经营规模、改善生产条件、提高技术装备水平、增强抵御自然和市场风险能力等。建立家庭农场管理服务制度，增强扶持政策的精准性、指向性。强化面向家庭农场的社会化服务，引导家庭农场加强联合与合作，有效解决家庭农场发展中遇到的困难和问题。

第六，探索家庭农场私募发债融资。中国人民银行发布的《关于做好家庭农场等新型农业经营主体金融服务的指导意见》，要求各银行业金融机构要切实加大对家庭农场等新型农业经营主体的信贷支持力度，重点支持新型农业经营主体购买农业生产资料、购置农机具、受让土地承包经营权、从事农田整理、农田水利、大棚等基础设施建设维修等农业生产用途，发展多种形式规模经营。强调各银行业金融机构要合理确定新型农业经营主体贷款的利率水平和额度，适当延长贷款期限，积极拓宽抵质押担保物范围。对于受让土地承包经营权、农田整理等，可以提供 3 年期以上农业项目贷款支持；对于从事林木等生长周期较长作物种植的，贷款期限最长可为 10 年。同时，拓宽家庭农场等新型农业经营主体多元化融资渠道。对经工商注册为有限责任公司、达到企业化经营标准、满足规范化信息披露要求且符合债务融资工具市场发行条件的新型家庭农场，可在银行间市场建立绿色通道，探索公开或私募发债融资。

第二节　农民合作社的发展趋势和管理模式

一、国外农民合作社发展政策与启示

纵观各国农业发展历程，合作社在解决小生产与大市场对接、提高农产品流通效率方面发挥了重要的作用。借鉴世界各国发展合作组织的经验，促进我国农民合作社发展壮大，对提高我国农业经营主体组织化程度，加快实现农业现代化具有重要的现实意义。

（一）世界范围内农民合作社的发展特征与趋势

自英国"罗虚代尔公平先锋社"成立以来，世界合作社发展已有170年历史。无论是发达国家还是发展中国家，政府均肯定合作社在农业发展中的积极作用，并致力于提高合作社竞争力，推动和促进合作社向健康、可持续方向发展。20世纪80年代以来，合作社的运行机制呈现出新的特征和趋势：一是以美国"新一代"合作社为代表的合作组织突破了传统的"一人一票制"的经营准则，取而代之的是更具效率、产权明晰的股份制运行机制；二是合作社通过联合或合并由传统较为单一的经营领域逐渐向纵向一体化经营或综合性经营方向发展；三是合作组织的定位由最初农业生产经营者为保护自身利益而自愿形成的联合组织，逐渐向更加重视效率、适应竞争的盈利性企业化的经营组织转变。

基于运行机制的变化，合作社的发展也呈现新的特征：一是合作社的经营效率不断提高；二是农民合作社出现联合，数量整体减少，规模不断扩大。

（二）主要国家推动合作社发展的政策与措施

1. 完善调整法律法规引导合作社发展

法国政府对合作社的态度在19世纪开始由不支持转为支持和推动其发展，1972年制定了《合作社法》。在该法的引导下，法国合作社扩大了经营范围并进入快速发展阶段。美国政府并未制定单独的合作社法，相关法规分散于其他法律文件中。日本的农民合作社是通过立法自上而下建立，所以，日本合作组织（农协）的发展完全依赖法律法规，受立法内容的调整影响极大。自1947年颁布《农业协同组合法》以来，日本政府根据农协经营的实际需要，先后进行过28次修改，使之日臻完善。进入21世纪，日本政府实施了新的《农业基本法》。在此基础上，日本农业合作社逐步向大规模合并、提高经营效率、加强民主建设、进行体制创新方向转变。

2. 实施积极的财政政策支持合作社壮大

在合作组织发展的不同阶段，财政补贴的形式也有所不同。主要有两类：一是在合作组织发展初期，在财政税收上对农业合作社实行补贴政策。如法国政府在"共同使用农业机械合作社"成立初期，根据合作社会员人数多少给予一定的启动经费。对于其所购买的机器，政府提供相当于机械购买价值15%~25%左右的无偿援助。二是在合作组织发展过程中，实施相应的财政补贴。如英国政府为推动合作组织发展壮大，从1973—1979年连续对合作组织实施财政补贴，补贴金额每两年增加一次。在日本，由于农协是农业经营的主体，农协也成为政府补贴农业生产经营的首要载体。日本政府每年农林预算中的1/5是通过农协实施的。

3. 实施长期的税收优惠措施推动合作社发展

在法国，农业合作社享受税收减免优惠，优惠程度视合作社经营对象有所不同。另外，法国所有企业必须交纳盈利后36%的利润税和一定的工资税，而合作社则免征。美国政府对合作社实施的税收优惠政策随着合作社发展不同阶段有所调整。日本政府多年来对农协实行低税制。一般股份公司要缴纳62%所得税，而农协只缴纳39%；各种地方税，一般企业缴纳50%~60%，农协只缴43%。

4. 营造宽松的金融环境促进合作社成长

政府对合作社金融支持的方式有两种：一是给予合作社低息贷款的政策，二是直接资助建立信贷合作机构。世界多数国家都采取第一种支持方式，如法国、德国等国家为合作社提供较低利率的中长期贷款。美国政府还建立了专门面向农场主和农业合作社提供信贷支持的农业信贷合作体系。日本的农协金融制度建设是后者的代表，也是世界范围内合作组织金融制度最为完善的代表。与其他国家金融业务和农业合作社业务分开不同，日本政府将信贷和金融业务整合在农协事业中。日本农林中央金库是农协的合作银行，农林中央金库的放款对象原则上以所属合作社团体为限，但资金剩余时，也可以向非合作社团体放款。

5. 引导和鼓励合作社规范有序发展

随着全球贸易化程度不断提高，包含合作组织在内的各类生产经营主体竞争日趋激烈，合作社受到来自国内外市场越来越大的挑战。各国政府通过监督和管理，引导合作社有序规范运行，实现可持续发展。一是直接监督和管理。如法国和日本。二是间接监督和管理，以美国为代表。

二、我国发展农民合作社的启示与思考

（一）准确定位

我国实施《中华人民共和国农民专业合作社法》已有 6 年，各地在实践中出现了多样化的发展模式。从国外的经验看，我国应尽快修订相关法律法规，使合作社通过多种组织形式，为社员提供生产、供销、信用合作等综合性服务，既是增强合作社内部活力的要求，也是促进合作社发展的必要条件。

（二）重视规模

近年来，农民合作社有了较快的发展，但入社农户的数量刚刚超过全国农户总数的 1/4，另一方面，农民专业合作社的平均规模只有 80 户左右。因此，应在鼓励农民合作社发展数量的同时，提高新成立合作社发起人数量的门槛，更加重视和鼓励农民加入已经成立的合作社和发展合作社联合社，促进向纵向一体化、联合化、规模化经营方向发展，增强合作社的带动能力。

（三）重点扶持

通过合作社对农业进行支持和保护是世界各国较为普遍的做法。我国对合作社的支持政策应当坚持扶大扶强的原则，重点放在增强合作社的内生活力，改善基础设施条件和科技推广方面。

（四）改革放活

随着合作社发展壮大，各国政府更加重视"掌舵"不做"划桨"的事，逐渐减少对合作社的干预，充分发挥服务和引导功能，给合作社创造更灵活的制度空间。从长远和世界范围来看，金融创新是合作社制度"放活"的重要一环。党的十八届三中全会的《决定》中"允许合作社开展信用合作"的要求，需要有关部门协商尽快拿出具体的实施办法。

（五）加强监管

我国目前尚缺乏完善的监督管理协调机制，合作社发展缺乏有效的组织协调和引导。借鉴国外经验，建议加强合作组织监管机制的建立和完善，通过成立专门的机构负责合作组织的管理、监督和协调工作。

三、农民合作社经营管理模式

当前，我国正处于传统农业向现代农业转型的关键时期，农业生产经营体系创新是推进农业现代化的重要基础，支持农民合作社发展是加快构建新型农业生产经营体系的重点。各地在大力发展农民合作社过程中，不断探索农民合作社经营管理模式，对于加快传统农业向现代农业转变、推进农村现代化和建设新农村起到了重要作用。

（一）竞价销售模式

竞价销售模式一般采取登记数量、评定质量、拟定基价、投标评标、结算资金等方法进行招标管理，农户提前一天到合作社登记次日采摘量，由合作社统计后张榜公布，组织客商竞标。竞标后由合作社组织专人收购、打包、装车，客商与合作社进行统一结算，合作社在竞标价的基础上每斤加收一定的管理费，社员再与合作社进行结算。合作社竞价销售模式有效解决了社员"销售难、增收难"问题，以福建建瓯东坤源蔬果专业合作社为例，通过合作社竞价销售的蔬菜价格，平均每千克比邻近乡村高出0.3元左右，每年为社员增加差价收入200多万元。

（二）资金互助模式

资金互助模式则有效解决了社员结算繁琐、融资困难等问题，目前福建省很多合作社成立了股金部，开展了资金转账、资金代储、资金互助等服务。规定凡是入市交易的客商在收购农产品时，必须开具合作社统一印制的"收购发票"，货款由合作社与客商统一结算后直接转入股金部，由股金部划入社员个人账户，农户凭股金证和收购发票，两天内就可到股金部领到出售货款。金融互助合作机制的创新实实在在方便了农户，产生了很好的社会效益。其优点在于农户销售农产品不需要直接与客商结算货款，手续简便，提高了工作效率；农户不需要进城存钱，既省路费、时间，又能保障现金安全；农户凭股金证可到合作社农资超市购买化肥、农药等，货款由股金部划账结算，方便农户；一些农民合作社为了解决生产贷款困难，进行了合作社内部信用合作资金互助探索，把社员闲散资金集中起来，坚持"限于成员内部、用于产业发展、吸股不吸储、分红不分息"，引导社员在合作社内部开展资金互助，缓解了合作社发展资本困难。目前，山东沂水县开展内部资金互助的合作社已达50多家，参与社员农户3 908户，入股金额近千万元，累计调剂资金1 500多万元，并成立了山东首家经省银监部门批准的农村资金互助合作社，起到了很好的调剂互助作用。

（三）股权设置模式

很多合作社属于松散型的结合，利益联结不紧密，尚未形成

"一赢俱赢，一损俱损"的利益共同体。可以在实行产品经营的合作社内推行股权设置，即入社社员必须认购股金，一般股本结构要与社员产品交货总量的比例相一致，由社员自由购买股份，但每个社员购买股份的数量不得超过合作组织总股份的20%。其中，股金总额的2/3以上要向生产者配置。社员大会决策时可突破一人一票的限制，而改为按股权数设置，这样有利于合作社的长足发展。

（四）台湾产销班模式

可以借鉴台湾农产品产销班模式，发展农产品产销服务组织，如农产品产销合作社，将传统农业生产扩展到加工、处理、运输，延长农业的产业链条。一方面，生产前做好规划，生产规划迎合消费者的市场需要，做到产供销一体化。农业是弱质产业，容易受到外在因素的干扰，故应重视危机管理和预警体系的建立，生产前有完善的规划，对可能发生的气候变化，市场风险或其他意外，预先采取防范措施。另一方面，拓宽信息来源渠道，了解市场动态需求。通过多种渠道调查市场动态信息，并将信息灵活运用，选择有利的销售渠道。不仅将产品转型为商品，更要提升为礼品或者艺术品，赋予农产品新的价值，凸显新的文化特色，科学阐释养生功能，提升农业的文化层次和综合价值。

（五）全程辅导模式

当前许多合作社带头人缺乏驾驭市场的能力，有了项目不懂运作，对市场信息缺乏科学分析预测，服务带动能力不强。可以依托农业科研单位、基层农业服务机构、农业大中专院校等部门，开展从创业到管理、运营的全程辅导。以对接科研单位为重点，开展创业辅导，建立政府扶持的农民合作社"全程创业辅导机制"。结合规范化和示范社建设的开展，政府组织有关部门对农民合作社进行资质认证，并出台合作社的资质认证办法，认证一批规模较大、管理规范、运行良好的合作社。在此基础上，依托有关部门和科研单位，建立健全全程辅导机制，进行长期的跟踪服务、定向扶持和有效辅导。

（六）宽松经营模式

要放宽注册登记和经营服务范围的限制，为其创造宽松的发展环境。凡符合合作组织基本标准和要求的，均应注册登记为农民专业合作组织。营利性合作组织的登记、发照由工商部门办理，非营利性的各类专业协会等的登记、发照和年检由民政部门办理；凡国家没有禁止或限制性规定的经营服务范围，农民合作社均可根据自身条件自主选择。同时，积极创办高级合作经济组织，在省、市、县一级创办农业协会，下设专业联合会，乡镇一级设分会，对农业生产经营实施行业指导，建立新型合作组织的行业体系。

（七）土地股份合作模式

围绕转变农业发展方式，建立与现代农业发展相适应的农业经营机制和土地流转机制，积极探索发展农村土地股份合作社。山东青州市何官镇小王村，2009 年成立了土地股份合作社，农户以承包土地入股，每亩土地的承包经营权为一股，每股年可获得 463kg 小麦股利的固定收入（按每年 6 月 20 日小麦价格兑付现金），年底按比例提取 10% 公积金、5% 公益金之后，再按股份进行二次分红。2010 年每股分红 170 元，2011 年每股分红 480元，2012 年每股分红 1 100 元；相比 2009 年，2012 年小王村农民人均收入翻了一番。

农业发展由主要依靠资源消耗型向资源节约型、环境友好型转变，由单纯追求数量增长向质量效益增长转变，凸显了农民专业合作组织在推广先进农业科技、培养新型农民、提高农业组织化程度和集约化经营水平的重要载体作用。推进农民合作社经营以及管理模式的创新，并以崭新适用的模式辐射推广，必会推进农民合作社的长足发展，而这些也都需要我们根据实情不断地探索，并在实践中不断地完善。

第三节　土地经营权抵押贷款应注意的问题

十八届三中全会《决定》提出，赋予农民对承包地占有、使用、收益、流转及承包经营权抵押、担保权能，允许农民以承包经营权入股发展农业产业化经营。相比以往，这一表述在"赋予农民更加充分而有保障的土地承包经营权"上更加明确、具体，特别是土地承包经营权抵押成为一大亮点和社会关注的焦点。

2014年中央1号文件则进一步指出，"允许承包土地的经营权向金融机构抵押融资"，并要求有关部门抓紧研究提出规范的实施办法，建立配套的抵押资产处置机制，推动修改相关法律法规。李克强总理则在2014年政府工作报告指出，慎重稳妥进行农村土地制度改革试点。因此，在出台相关政策办法前，有些问题需要提前进行深入、细致、充分地研究，未雨绸缪，三思而后行。

（一）明确土地经营权抵押贷款，目的是解决哪类农民贷款难

目前，我国农村在普通家庭承包农户（即"小农"）的基础上，正在通过土地流转方式，形成一批一定规模的、不同组织形式的新型经营主体（即"大农"），农民群体正在逐渐分化。应该说，这两类不同的农民对贷款需求的强烈程度及金额多少不同，对拥有的土地权利内涵不同，对土地的依赖程度也不同。允许土地经营权抵押贷款，目的主要是解决"大农"的贷款难问题，还是"小农"的，抑或是二者一起解决，需要有一个清晰的认识。

（二）明确哪些金融机构为抵押贷款的主要放贷人

抵押贷款是借贷双方的事情，特别是银行的积极性至关重要，不能剃头匠的挑子一头热。从目前的现实探索来看，金融机构的积极性普遍不高，相关金融机构主要为农村信用社、村镇银行等，大型商业银行参与较少。这其中原因很多，一方面是农村的金融市场还没有发育，用银行人的话就是如果有钱赚，银行会主动去"吸血"的；另一方面是前者对农村情况较为熟悉，而后者相对陌生。因此，也要站在银行的视角，尊重银行的思维和基本规则，不能过于依靠行政命令强求其参与其中，特别是对于大型商业银行。说得狠一点，人家的主要业务本来就不是在农村。我们不要强求银行，更不要责怪，否则也只是白费工夫，银行就是银行。对于合适的金融机构，可以用财政出资建立担保、贴息机制，减低债务违约，降低放贷风险，同时给予相关税费减免扶持等，以提高其积极性。

（三）统一土地承包经营权、承包权、经营权等相关概念及内涵

首先区分不同方式取得的土地承包经营权及其权利内涵。我国相关政策法律已明确规定土地承包经营权分为家庭承包方式和其他方式取得，而随着近些年土地承包经营权流转规模的不断扩大，流转方式取得的土地承包经营权已经"渐成气候"，大家也常把它称作土地承包经营权。但是，这三种方式取得的权能内涵不同，农民的依赖程度也不同。

其次区分土地承包权和土地经营权。在土地承包权与经营权主体发生分离后，这二者的区别更加容易理解。土地承包权是农民个体作为一定社区范围内集体成员一份子而对该社区范围内某一块土地享有占有、使用、收益等权利，它是农民个体"成员权"的一种体现，是物权，是财产权。土地经营权是由承包权派生出来的一种民事权利，其表现更多的是一种预期收益。以土地

承包权作抵押进行贷款，可能使农民永久失地，而以土地经营权作抵押进行贷款，农民可能失去的只是在土地上耕作及收益。因此，为了尽量降低农民永久失地的风险，目前抵押物应是土地经营权，而非土地承包权或承包经营权。

（四）必须从农民、银行、政府多角度综合审视权衡

土地经营权抵押贷款，不同的"当事人"从自身视角及利益出发，认识和态度也不同，需要在他们之间找到对话和操作的"共同点"。总的说来，农民的关注点是能不能以及值不值得用土地经营权抵押贷款。银行更多地从放贷风险来考虑操作的可行性。表面看，有土地经营权做抵押物，要比没有抵押物的放贷风险低得多。但是，不容易变现的抵押物，对银行反而是一种负担。政府的着眼点是农民、银行二者是否可以"双赢"，以及对整个经济社会的影响。

目前，对于其他方式取得的土地经营权抵押贷款，农民、银行、政府的态度较为一致，有交集，目前法律也明确允许，应该积极推行。对于家庭承包方式取得的土地经营权抵押贷款，农民心理上可以接受，但一般不会主动去做；银行由于目前的风险等原因，并不愿意去做。也就是说，双方当事人并没有积极的意愿。同时，政府对此也是顾虑重重。因此，呼吁允许此类抵押贷款可能并不被当事人"买账"。对于流转方式取得的土地经营权抵押贷款，农民有意愿，银行也有意愿，但动力不足，政府的态度也较为积极，需要大家一起坐下来商量，共同努力。

（五）区分抵押贷款与抵押反担保贷款

一般说来，土地经营权抵押贷款是农户（或第三人）将土地经营权直接抵押给银行进行贷款，而土地经营权抵押反担保贷款则是农民在获得第三人的保证担保进行贷款后，将土地经营权作为抵押反担保品抵押给第三人。这二者对农民来说，都一样，因为还不起款的话，抵押的土地经营权就要被处置了；对于银行

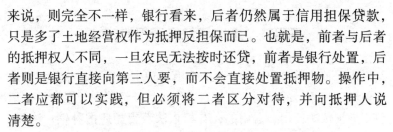

来说，则完全不一样，银行看来，后者仍然属于信用担保贷款，只是多了土地经营权作为抵押反担保而已。也就是，前者与后者的抵押权人不同，一旦农民无法按时还贷，前者是银行处置，后者则是银行直接向第三人要，而不会直接处置抵押物。操作中，二者应都可以实践，但必须将二者区分对待，并向抵押人说清楚。

（六）进一步做实农村土地产权界定等基础性工作

土地经营权抵押贷款，需要土地相关产权明确、清晰为基础。否则，容易发生纠纷。一方面，做好农村土地确权及土地承包经营权登记等工作，落实土地承包经营权"长久不变"的政治诺言，完善土地承包经营权权能，使其深入人心，成为社会共识；另一方面，完善土地承包经营权流转机制，发展流转市场，为包括土地经营权抵押贷款在内的农村土地制度创新奠定坚实基础。

（七）处理好土地经营权抵押贷款与小额信用贷款、农民合作金融等的关系

农村信用贷款与抵押贷款并不冲突，不能厚此薄彼，更不是谁取代谁，而是要齐头并进。当然，从国际经验来看，最根本的还是要从无到有建立起以合作金融（政策性金融支撑）为主体、商业金融为补充的现代农村金融体系。应按照十八届三中全会"允许合作社开展信用合作"的要求，积极支持农民互助合作金融组织，解决"小农"贷款需求。对于实践中出现的一些问题，应积极设计更为科学、严密的制度，特别是风险防控机制，不能因噎废食、半途而废。

总之，土地经营权抵押贷款问题既要允许理论自由探讨，又要允许实践试验创新；既要大刀阔斧，又要循序渐进。最终，农民可用土地经营权抵押贷款，也可通过信用担保等其他途径贷款，无论大农还是小农都可以贷到自己所需的资金。

第四节　土地承包经营权的流转

农民依法承包取得的土地，享有承包土地使用、收益和土地承包经营权流转的权利，有权自主组织生产经营和处置产品；承包土地被依法征用、占用的，有权依法获得相应的补偿；法律、行政法规规定的其他权利。拥有维持土地的农业用途，不得用于非农建设；依法保护和合理利用土地，不得给土地造成永久性损害；法律、行政法规规定的其他义务。

一、农民土地承包经营权流转的原则

通过家庭承包取得的土地承包经营权可以依法采取转包、出租、互换、转让或者其他方式流转。按照《中华人民共和国农村土地承包法》的规定，农民土地承包经营权流转应遵循的原则有5个方面：平等协商、自愿、有偿原则。任何组织和个人不得强迫或者阻碍承包方进行土地承包经营权流转；不得改变土地所有权的性质和土地的农业用途；流转的期限不得超过承包期的剩余期限；受让方须有农业经营能力；在同等条件下，本集体经济组织成员享有优先权。

二、土地承包经营权流转的方式

2005年1月19日公布，自2005年3月1日起施行的《农村土地承包经营权流转管理办法》第2章第10条规定：农村土地承包经营权流转方式、期限和具体条件，由流转双方平等协商确定；第3章第15条又规定：承包方依法取得的农村土地承包经营权可以采取转包、出租、互换、转让或者其他符合有关法律和国家政策规定的方式流转。并对不同流转方式下的权利义务关系变化进行了界定。承包方依法采取转包、出租、入股方式将农村

土地承包经营权部分或者全部流转的，承包方与发包方的承包关系不变，双方享有的权利和承担的义务不变。同一集体经济组织的承包方之间自愿将土地承包经营权进行互换，双方对互换土地原享有的承包权利和承担的义务也相应互换，当事人可以要求办理农村土地承包经营权证变更登记手续。承包方采取转让方式流转农村土地承包经营权的，经发包方同意后，当事人可以要求及时办理农村土地承包经营权证变更、注销或重发手续。承包方之间可以自愿将承包土地入股发展农业合作生产，但股份合作解散时入股土地应当退回原承包农户。

通过转让、互换方式取得的土地承包经营权经依法登记获得土地承包经营权证后，可以依法采取转包、出租、互换、转让或者其他符合法律和国家政策规定的方式流转。

三、土地承包经营权流转合同

土地承包经营权采取转包、出租、互换、转让或者其他方式流转，当事人双方应当签订书面合同。采取转让方式流转的，应当经发包方同意；采取转包、出租、互换或者其他方式流转的，应当报发包方备案。

土地承包经营权流转合同一般包括以下条款：双方当事人的姓名、住所；流转土地的名称、坐落、面积、质量等级；流转的期限和起止日期；流转土地的用途；双方当事人的权利和义务；流转价款及支付方式；流转合同到期后地上附着物及相关设施的处理；违约责任。

四、土地承包经营权流转应注意的问题

土地是农民最重要的生产资料，是农村生产关系中最核心的要素，也是发展现代农业的基本条件。发展现代农业规模化标准化生产，土地不流转不行，但为转而转更不行。不仅要重视适度

土地经营规模，更要重视土地流转过程中的农民增收机制和农民权益维护，使土地的利用方式既适应生产力发展和农业现代化进程要求，又符合新形势下农村生产关系和组织农民进入现代农业产业体系的要求。为此，要把握好3个方面：一是把握土地流转对象，最好是首先在集体经济组织的成员中进行，鼓励农民专业合作社、协会组织农户间多种形式的土地流转，实现连片开发。二是创新土地经营机制，探索能带动农民参与生产经营、持续增收的土地流转机制，探索国家财政性投入转化为合作社资产使得农民可以入股分红机制，创造更大空间让农民分享不断增长的土地收益。三是合理确定土地流转时限，一般情况下土地流转期限不宜太长，不能一次性以低价将农民土地承包经营权长期流转出去，使得农民的土地收益权被长期低位固化，最好是根据产业特点、配套设施建设的相关要求，实行土地流转协议几年一签，给农民更大的自主权、收益权和发展权。

五、承包合同纠纷的解决

（一）土地承包经营纠纷的情形

因订立、履行、变更、解除和终止农村土地承包合同发生的纠纷；因农村土地承包经营权转包、出租、互换、转让、入股等流转发生的纠纷；因收回、调整承包地发生的纠纷；因确认农村土地承包经营权发生的纠纷；因侵害农村土地承包经营权发生的纠纷；法律、法规规定的其他农村土地承包经营纠纷。因征收集体所有的土地及其补偿发生的纠纷，不属于农村土地承包仲裁委员会的受理范围，可以通过行政复议或者诉讼等方式解决。

（二）土地承包经营纠纷解决的方式

1. 和解或调解

因土地承包经营发生纠纷的，双方当事人可以通过协商解决，也可以请求村民委员会、乡（镇）人民政府等调解解决。

2. 仲裁或起诉

当事人不愿协商、调解或者协商、调解不成的，可以向农村土地承包仲裁机构申请仲裁，也可以直接向人民法院起诉。

当事人对农村土地承包仲裁机构的仲裁裁决不服的，可以在收到裁决书之日起 30 日内向人民法院起诉。逾期不起诉的，裁决书即发生法律效力。

第五节　农产品质量安全"三品一标"

无公害农产品、绿色食品、有机农产品和农产品地理标志统称"三品一标"。"三品一标"是政府主导的安全优质农产品公共品牌，是当前和今后一个时期农产品生产消费的主导产品。纵观"三品一标"发展历程，虽有其各自产生的背景和发展基础，但都是农业发展进入新阶段的战略选择，是传统农业向现代农业转变的重要标志。

无公害农产品发展始于 21 世纪初，是在适应入世和保障公众食品安全的大背景下推出的，农业部为此在全国启动实施了"无公害食品行动计划"；绿色食品产生于 20 世纪 90 年代初期，是在发展高产优质高效农业大背景下推动起来的；而有机食品又是国际有机农业宣传和辐射带动的结果。农产品地理标志则是借鉴欧洲发达国家的经验，为推进地域特色优势农产品产业发展的重要措施。农业部门推动农产品地理标志登记保护的主要目的是挖掘、培育和发展独具地域特色的传统优势农产品品牌，保护各地独特的产地环境，提升独特的农产品品质，增强特色农产品市场竞争力，促进农业区域经济发展。

一、无公害农产品

无公害农产品是指产地环境、生产过程、产品质量符合国家有关和规范要求，经认证合格获得认证证书并允许使用无公害农产品标准标志的直接用作食品的农产品或初加工的农产品。无公害农产品不对人的身体健康造成任何危害，是对农产品的最起码要求，所以，无公害食品是指无污染、无毒害、安全的食品。2001 年农业部提出"无公害食品行动计划"，并制定了相关国家标准，如《无公害农产品产地环境》《无公害产品安全要求》和具体到每种产品如黄瓜、小麦、水稻等的生产标准。目前，我国无公害农产品认证依据的标准是中华人民共和国农业部颁发的农业行业标准（NY5000 系列标准）。

二、绿色食品

绿色食品是指产自优良环境，按照规定的技术规范生产，实行全程质量控制，无污染、安全、优质并使用专用标志的食用农产品及加工品。农业部发布的推荐性农业行业标准（NY/T），是绿色食品生产企业必须遵照执行的标准。它以国际食品法典委员会（CAC）标准为基础，参照发达国家标准制定，总体达到国际先进水平。

绿色食品标准分为两个技术等级，即 AA 级绿色食品标准和 A 级绿色食品标准。

AA 级绿色食品标准，要求生产地的环境质量符合《绿色食品产地环境质量标准》，生产过程中不使用化学合成的农药、肥料、食品添加剂、饲料添加剂、兽药及有害于环境和人体健康的生产资料，而是通过使用有机肥、种植绿肥、作物轮作、生物或物理方法等技术，培肥土壤、控制病虫草害、保护或提高产品品质，从而保证产品质量符合绿色食品产品标准要求。

A 级绿色食品标准，要求生产地的环境质量符合《绿色食品产地环境质量标准》，生产过程中严格按绿色食品生产资料使用准则和生产操作规程要求，限量使用限定的化学合成生产资料，并积极采用生物学技术和物理方法，保证产品质量符合绿色食品产品标准要求。

三、有机食品

有机食品是指来自于有机农业生产体系。有机农业：有机农业的概念于 20 世纪 20 年代首先在法国和瑞士提出。从 80 年代起，随着一些国际和国家有机标准的制定，一些发达国家才开始重视有机农业，并鼓励农民从常规农业生产向有机农业生产转换，这时有机农业的概念才开始被广泛接受。尽管有机农业有众多定义，但其内涵是统一的。有机农业是一种完全不用人工合成的肥料、农药、生长调节剂和家畜饲料添加剂的农业生产体系。有机农业的发展可以帮助解决现代农业带来的一系列问题，如严重的土壤侵蚀和土地质量下降，农药和化肥大量使用给环境造成污染和能源的消耗，物种多样性的减少等；还有助于提高农民收入，发展农村经济。据美国的研究报道有机农业成本比常规农业成本减少 40%，而有机农产品的价格比普通食品要高 20%~50%。同时有机农业的发展有助于提高农民的就业率，有机农业是一种劳动密集型的农业，需要较多的劳动力。另外，有机农业的发展可以更多地向社会提供纯天然无污染的有机食品，满足人们的需要。有机食品：有机食品是目前国际上对无污染天然食品比较统一的提法。有机食品通常来自于有机农业生产体系，根据国际有机农业生产要求和相应的标准生产加工的，通过独立的有机食品认证机构认证的一切农副产品，包括粮食、蔬菜、水果、奶制品、畜禽产品、蜂蜜、水产品等。随着人们环境意识的逐步提高，有机食品所涵盖的范围逐渐扩大，它还包括纺织品、皮革、化妆品、家具等。

有机食品需要符合以下标准。

①原料来自于有机农业生产体系或野生天然产品。

②产品在整个生产加工过程中必须严格遵守有机食品的加工、包装、贮藏、运输要求。

③生产者在有机食品的生产、流通过程中有完善的追踪体系和完整的生产、销售的档案。

④必须通过独立的有机食品认证机构的认证。

有机食品与其他食品的显著差别在于，有机食品的生产和加工过程中严格禁止使用农药、化肥、激素等人工合成物质，而一般食品的生产加工则允许有限制地使用这些物质。同时，有机食品还有其基本的质量要求：原料产地无任何污染，生产过程中不使用任何化学合成的农药、肥料、除草剂和生长素等，加工过程中不使用任何化学合成的食品防腐剂、添加剂、人工色素和用有机溶剂提取等，贮藏、运输过程中不能受有害化学物质污染，必须符合国家食品卫生法的要求和食品行业质量标准。

有机食品在不同的语言中有不同的名称，国外最普遍的叫法是 ORGACIC FOOD，在其他语种中也有称生态食品、自然食品等。联合国粮农和世界卫生组织（FAO/WHO）的食品法典委员会（CODEX）将这类称谓各异但内涵实质基本相同的食品统称为"ORGANIC FOOD"，中文译为"有机食品"。

四、有机食品、绿色食品、无公害农产品主要异同点比较

我国是幅员辽阔，经济发展不平衡的农业大国，在全面建设小康社会的新阶段，健全农产品质量安全管理体系，提高农产品质量安全水平，增加农产品国际竞争力，是农业和农村经济发展的一个中心任务。为此，农业部经国务院批准，全面启动了"无公害食品行动计划"，并确立了"无公害食品、绿色食品、有机食品三位一体，整体推进"的发展战略。因此，有机食品、绿色食品、无公害食品都是农产品质量安全工作的有机组成部分。有机食品、绿色食品、无公害农产品主要异同点比较见表。

表 无公害农产品、绿色食品、有机食品主要异同点比较

		无公害农产品	绿色食品	有机食品
相同点		1. 都是以食品质量安全为基本目标，强调食品生产"从土地到餐桌"的全程控制，都属于安全农产品范畴 2. 都有明确的概念界定和产地环境标准，生产技术标准以及产品质量标准和包装、标签、运输贮藏标准 3. 都必须经过权威机构认证并实行标志管理		
不同点	投入物方面	严格按规定使用农业投入品，禁止使用国家禁用、淘汰的农业投入品	允许使用限定的化学合成生产资料，对使用数量、使用次数有一定限制	不用人工合成的化肥、农药、生长调节剂和饲料添加剂
	基因工程方面	无限制	不准使用转基因技术	禁止使用转基因种子、种苗及一切基因工程技术和产品
	基因工程方面	无限制	不准使用转基因技术	禁止使用转基因种子、种苗及一切基因工程技术和产品
	生产体系方面	与常规农业生产体系基本相同，也没有转换期的要求	可以延用常规农业生产体系，没有转换期的要求	要求建立有机农业生产技术支撑体系，并且从常规农业到有机农业通常需要 2~3 年的转换期
	品质口味	口味、营养成分与常规食品基本无差别	口味、营养成分稍好于常规食品	大多数有机食品口味好、营养成分全面、干物质含量高
	有害物质残留	农药等有害物质允许残留量与常规食品国家标准要求基本相同，但更强调安全指标	大多数有害物质允许残留量与常规食品国家标准要求基本相同，但有部分指标严于常规食品国家标准，如绿色食品黄瓜标准要求敌敌畏 ≤ 0.1 mg/kg，常规黄瓜国家标准要求敌敌畏 ≤ 0.2 mg/kg	无化学农药残留（低于仪器的检出限）。实际上外环境的影响不可避免，如果有机食品中农药的残留量比常规食品国家标准允许含量低 20 倍以上，可视为符合有机食品标准

（续表）

		无公害农产品	绿色食品	有机食品
不同点	认证方面	省级农业行政主管部门负责组织实施本辖区内无公害农产品产地的认定工作，属于政府行为，将来有可能成为强制性认证	属于自愿性认证，只有中国绿色食品发展中心一家认证机构	属于自愿性认证，有多家认证机构（需经国家认监委批准），国家环保总局为行业主管部门
	证书有效期	3 年	3 年	1 年

五、农产品地理标志

农产品地理标志是指标示农产品来源于特定地域，产品品质和相关特征主要取决于自然生态环境和历史人文因素，并以地域名称冠名的特有农产品标志。2007 年 12 月农业部发布了《农产品地理标志管理办法》，农业部负责全国农产品地理标志的登记工作，农业部农产品质量安全中心负责农产品地理标志登记的审查和专家评审工作。

第六节　培育新型农业经营主体，发展适度规模经营

自 1978 年我国广大农村实行包产到户和包干到户，开启了中国改革进程后，农业经营体系大致经历了家庭联产承包、双层经营体制、两个转变、新型农业经营体系等多个阶段。十八大报告更是指出，要培育新型经营主体，发展多种形式规模经营，构建新型农业经营体系。

新型农业经营主体是建立于家庭承包经营基础之上，适应市场经济和农业生产力发展要求，从事专业化、集约化生产经营，组织化、社会化程度较高的现代农业生产经营组织形式。从目前

的发展来看，新型农业经营主体主要包括专业大户和家庭农场、农民合作社、产业化龙头企业等类型。主要实施者就是家庭农场主、农民合作社理事长、产业化龙头企业法人代表等新型职业农民。

新型农业经营主体形成的背景与特征

（一）新型农业经营主体的形成和发展，有着深刻的经济社会背景

一方面，农业生产经验面临着"谁来种地"的突出问题。随着工业化、城镇化、市场化的深入发展，农村劳动力大量向工业和城镇转移，农村劳动力就业结构、农民收入来源、农村人口构成发生了深刻变化，农村分工分业加快，农户分层分化加快，农户兼业化、村庄空心化、人口老龄化日趋明显，"谁来种地、地怎么种"的问题愈发严峻。培育新型农业经营主体，已成为推进农业现代化、发展农村经济的迫切需要。

另一方面，新型农业经营主体的发展条件已经成熟。随着农业生产机械化、农业服务社会化、农业经营信息化的快速推进，发展新型主体和规模经营的条件日益成熟。截至 2013 年 12 月底，全国土地流转面积约 2.7 亿亩，占家庭承包耕地面积的 21.5%，畜牧业规模经营迅猛发展，生猪、蛋鸡、肉鸡规模化养殖均超过 50%；农业机械化快速发展，农机总动力超过 10 亿千瓦，耕种收综合机械化水平达到 57%，小麦、水稻等大田作物机械化水平超过 90%。

（二）新型农业经营主体有着与传统小规模农户显著不同的特征

1. 以市场化为导向

自给自足是传统农户的主要特征，商品率较低。在工业化、城镇化的大背景下，根据市场需求发展商品化生产是新型农业经营主体发育的内生动力。无论专业大户、家庭农场，还是农民合

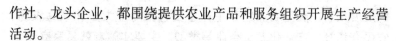

作社、龙头企业，都围绕提供农业产品和服务组织开展生产经营活动。

2. 以专业化为手段

传统农户生产"小而全"，兼业化倾向明显。随着农村生产力水平提高和分工分业发展，无论是种养、农机等专业大户，还是各种类型的农民合作社，都集中于农业生产经营的某一个领域、品种或环节，开展专业化的生产经营活动。

3. 以规模化为基础

受过去低水平生产力的制约，传统农户扩大生产规模的能力较弱。随着农业生产技术装备水平提高和基础设施条件改善，特别是大量农村劳动力转移后释放出土地资源，新型农业经营主体为谋求较高收益，着力扩大经营规模、提高规模效益。

4. 以集约化为标志

传统农户缺乏资金、技术，主要依赖增加劳动投入提高土地产出率。新型农业经营主体发挥资金、技术、装备、人才等优势，有效集成利用各类生产要素，增加生产经营投入，大幅度提高了土地产出率、劳动生产率和资源利用率。

（三）各类经营主体的特点决定了其功能定位

专业大户和家庭农场具备的适度规模、家庭经营、集约生产的特点，决定了其主要形成在二三产业较为发达，劳动力转移比较充分。农村要素市场发育良好的地区，功能作用体现在通过从事种养业生产，为生活消费、工业生产提供初级农产品和加工原料。

农民合作社是带动农户进入市场的基本主体，是发展农村集体经济的新型实体，是创新农村社会管理的有效载体，特别在农资采购、农产品销售和农业生产性服务等领域具有比较有效，带动散户、组织大户、对接企业、联结市场的功能，应成为提高农民组织化程度、引领农民参与国内外市场竞争的现代农业经营组织。

龙头企业集成资金、技术和人才，适合在产中服务和产后领域发挥功能作用。在产中主要为农户提供各类生产性服务，包括农业生产技术、农资服务、金融服务、品牌宣传、新品种试验示范、基地人才培训等方面。在产后主要开展农产品加工和市场营销，延长农业产业链条，增加农业附加值。

（四）把握好新型主体和传统农户的关系

1. 大量的传统农户会长期存在

家庭承包经营是我国农村基本经营制度的基础，传统农户是农业基本经营单位。因此，不能因为强调发展新型农业经营主体，就试图以新型农业经营主体完全取代传统农户，这是一个误区。此外，这些小规模农户存在先天不足，抗御自然风险和市场风险的能力较弱，而且在我国农业市场化程度日益加深、农业兼业化和农民老龄化趋势不断加快的过程中，传统农户的弱势和不足表现得更加明显。在支持新型农业经营主体的同时，也要大力扶持传统农户，这不仅是发展农村经济、全面建成小康社会的需要，而且是稳定农村大局、加快构建和谐社会的需要。

2. 新型主体和传统农户相辅相成

新型经营主体与传统农户不同，前者主要是商品化生产，后者主要是自给性生产。两者尽管有一定的竞争关系，但更有相互促进的关系。新型主体发展，尤其是龙头企业、合作社，可以对传统农户提供生产各环节的服务，推动传统农户生产方式的转变。与此同时，传统农户也可以为合作社、龙头企业提供原料，成为其第一车间。在发展中，特别是在扶持政策上，对传统农户和新型经营主体并重，不可偏废。

（五）优化新型主体发展的政策环境

培育新型农业经营主体，要坚持农村基本经营制度和家庭经营主体地位，以承包农户为基础，以家庭农场为核心，以农民合作社为骨干，以龙头企业为引领，以农业社会化服务组织为支撑，加强指导、规范、扶持、服务，推进农业生产要素向新型农业经营主体优化配置，创造新型农业经营主体发展的制度环境。

要改革农村土地管理制度。进一步明晰土地产权，将经营权从承包经营权中分离出来，通过修改相关法律，推进所有权、承包权和经营权"三权分离"。推进土地承包权确权，放活土地权利，加快建立土地经营权流转有形市场，规范土地流转合同管理，强化土地流转契约执行，消除土地流转中的诸多不确定性，让流入土地的家庭农场具有稳定的预期。

创新农村金融制度。培育和引入各类新型农村金融机构，打破由一家或两家金融机构垄断农村资金市场的局面，允许农民合作社开展信用合作，为家庭农场提供资金支持，形成多元主体、良性竞争的市场格局。扩展有效担保抵押物范围，建立健全金融机构风险分散机制，将家庭农场的土地经营权、农房、土地附属设施、大型农机具、仓单等纳入担保抵押物范围。

应加大财政支持力度。新增补贴资金向新型农业经营主体倾斜，对达到一定规模或条件的家庭农场、农民合作社和龙头企业，在新增补贴资金中给予优先补贴或奖励，以鼓励规模经营的发展；对新型主体流入土地、开展质量安全认证等给予一定补助，促进规模化、标准化生产。加大对新型主体培训的支持力度。加强对规模经营农户、家庭农场主、农民合作社负责人和经营管理人员、龙头企业负责人和经营管理人员以及技术人员的培训，以提高生产经营的质量和水平。

要完善农业保险制度。积极设针对当地特点的财政支持下的政策性农业保险品种，尤其是蔬菜、水果等风险系数较高的作物，并建立各级财政共同投入机制。建立政府支持的农业巨灾风险补偿基金，加大农业保险保费补贴标准，提高农业保险保额，减少新型农业经营主体发展生产面临的自然风险。试点新型农业经营主体种粮目标收益保险，在种粮大户和粮食合作社中，试点粮食产量指数保险、粮食价格指数保险和种粮目标收益保险，通过指数保险的方式保障农民种粮收益，促进粮食生产。

应加强农业社会化服务。引导公共服务机构转变职能，逐步从经营性领域退出，主要在具有较强公益性、外部性、基础性的领域开展服务。重点加强经营性服务主体建设，培育农资经销企业、农机服务队、农业技术服务公司、龙头企业、专业合作社等多元主体，拓展服务范围，重点加强农产品加工、销售、储藏、包装、信息、金融等服务。创新服务模式和服务方式，引导建立行业协会等自律组织，促进家庭农场与各类组织深度融合，开展形式多样、内容丰富的社会化服务。

第七节 现代农业的概念、特征和主要类型

一、传统农业和现代农业的概念和特征

(一) 传统农业的概念和特征

什么是传统农业，美国著名经济学家西奥多·W. 舒尔茨定义为"完全以农民世代使用的各种生产要素为基础的农业可称为传统农业"。美国农业经济学家史蒂文斯和杰巴拉指出："传统农业可定义为这样一种农业，在这种农业中，使用的技术是通过那些缺乏科学技术知识的农民对自然界的敏锐观察而发展起来的……建立在本地区农业的多年经验观察基础上的农业技术是一种农业艺术，它通过口授和示范从一代代传到下一代"。传统农业是相对于现代农业的一个动态的概念。传统农业主要有以下特征。

(1) 传统农业的生产单位是分散的农户或小规模的家庭农

场，属于自然经济或半自然经济的性质。

（2）传统农业属于劳动密集型农业发展模式。

（3）传统农业一般表现为明显的"二元经济"结构。这种"二元经济"结构不但反映在城乡之间和工农业之间的分割，而且还表现于农村经济的非单一的农业经营，即农村中农业和非农产业的并存。

（4）传统农业的生产技术具有长期不变的特点。

就我国目前的农业整体情况而言，农业既不完全是传统农业，也没有进入现代农业，而是处在传统农业向现代农业转变的阶段。

（二）现代农业的概念与特征

1. 现代农业的内涵

现代农业是一个动态的和历史的概念，它不是一个抽象的东西，而是一个具体的事物，它是农业发展史上的一个重要阶段。从发达国家的传统农业向现代农业转变的过程来看，实现农业现代化的过程包括两方面的主要内容：一是农业生产的物质条件和技术的现代化，利用先进的科学技术和生产要素装备农业，实现农业生产机械化、电气化、信息化、生物化和化学化；二是农业组织管理的现代化，实现农业生产专业化、社会化、区域化和企业化。

①现代农业的本质内涵可概括为：现代农业是用现代工业装备的，用现代科学技术武装的，用现代组织管理方法来经营的社会化、商品化农业，是国民经济中具有较强竞争力的现代产业。

②现代农业是以保障农产品供给，增加农民收入，促进可持续发展为目标，以提高劳动生产率，资源产出率和商品率为途径，以现代科技和装备为支撑，在家庭经营基础上，在市场机制与政府调控的综合作用下，农工贸紧密衔接，产加销融为一体，多元化的产业形态和多功能的产业体系。

2. 现代农业的主要特征

现代农业是物理技术和农业生产的有机结合，是利用具有生物效应的电、声、光、磁、热、核等物理因子操控动植物的生活环境及其生长发育，促使传统农业逐步摆脱对化学农药、化学肥料、抗生素等化学品的依赖以及自然环境的束缚，最终获取优质、高产、无毒农产品的环境调控型农业。物理农业的产业性质是由物理增产技术、物理植保技术所能拉动的机械电子建材等产业以及它所能为社会提供食品安全的源头农产品两个方面决定的。物理农业属于高投入高产出的设施型、设备型、工艺型的农业产业，是一个新的生产技术体系。它要求设备、技术、动植物三者高度相关，并以生物物理因子作为操控的对象，最大限度地提高产量和杜绝使用其他有害于人类的化学。

具体而言，现代农业有以下主要特征。

第一，具备较高的综合生产率，包括较高的土地产出率和劳动生产率。农业成为一个有较高经济效益和市场竞争力的产业，这是衡量现代农业发展水平的最重要标志。

第二，农业成为可持续发展产业。农业发展本身是可持续的，而且具有良好的区域生态环境。广泛采用生态农业、有机农业、绿色农业等生产技术和生产模式，实现淡水、土地等农业资源的可持续利用，达到区域生态的良性循环，农业本身成为一个良好的可循环的生态系统。

第三，农业成为高度商业化的产业。农业主要为市场而生产，具有很高的商品率，通过市场机制来配置资源。商业化是以市场体系为基础的，现代农业要求建立非常完善的市场体系，包括农产品现代流通体系。离开了发达的市场体系，就不可能有真正的现代农业。农业现代化水平较高的国家，农产品商品率一般都在90%以上，有的产业商品率可达到100%。

第四，实现农业生产物质条件的现代化。以比较完善的生产条件，基础设施和现代化的物质装备为基础，集约化、高效率地使用各种现代生产投入要素，包括水、电力、农膜、肥料、农药、良种、农业机械等物质投入和农业劳动力投入，从而达到提高农业生产率的目的。

第五，实现农业科学技术的现代化。广泛采用先进适用的农业科学技术、生物技术和生产模式，改善农产品的品质、降低生产成本，以适应市场对农产品需求优质化、多样化、标准化的发展趋势。现代农业的发展过程，实质上是先进科学技术在农业领域广泛应用的过程，是用现代科技改造传统农业的过程。

第六，实现管理方式的现代化。广泛采用先进的经营方式，管理技术和管理手段，从农业生产的产前、产中、产后形成比较完整的紧密联系、有机衔接的产业链条，具有很高的组织化程度。有相对稳定，高效的农产品销售和加工转化渠道，有高效率的把分散的农民组织起来的组织体系，有高效率的现代农业管理体系。

第七，实现农民素质的现代化。具有较高素质的农业经营管理人才和劳动力，是建设现代农业的前提条件，也是现代农业的突出特征。

第八，实现生产的规模化、专业化、区域化。通过实现农业生产经营的规模化、专业化、区域化，降低公共成本和外部成本，提高农业的效益和竞争力。

第九，建立与现代农业相适应的政府宏观调控机制。建立完善的农业支持保护体系，包括法律体系和政策体系。

（三）传统农业和现代农业的特征比较（表）

表　传统农业和现代农业的特征比较

传统农业	现代农业
自供自产自销自用生产规模小	具备较高的综合生产率，农业成为一个有较高经济效益和市场竞争力的产业
对自然资源的最大开发实现更多的产出	努力推进农业的生物化，以生物技术实现产业和自然的和谐发展，成为可持续发展的农业
家庭和农庄的自然经济生产模式	公司形式的农场和家庭经营公司化，成为高度商业化的产业
以人、畜和简单机械动力生产	以比较完善的生产条件，基础设施和现代化的物质装备为基础，集约化、高效率地使用各种现代生产投入要素，实现物质条件现代化
以粗放的，低技术含量的耕作和饲养为主	应用高科技实现品种改良、提高农具的智能化水平，充分利用土地等资源，又保证资源的可持续利用
粗放的、家庭的、传统的管理	广泛采用先进的经营方式，管理技术和管理手段，有比较完整的产业链条，具有很高的组织化程度
农民的科技文化素质较低	农民有较高的科技文化素质，接受现代生产方式
生产结构多元化，多数农户兼营几个产业、区域内未形成专业化生产	立足市场分工，有专业的生产区域或生产基地。形成规模化、区域化、专业化生产
通过税收、价格、土地等盘剥农业，支持工业	有完善的农业支持保护体系，包括法律体系和政策体系

二、现代农业类型

（一）都市农业

1. 都市农业的由来

都市农业的产生和形成经历了一个渐变的过程。从国际上看，日本是出现都市农业最早的国家之一。都市农业一词最早见于 1930 年出版的《大阪府农会报》杂志上，"以易腐败而又不耐储存的蔬菜生产为主要目的，同时又有鲜奶、花卉等多样化的农业生产经营"，称为都市农业。而都市农业作为学术名词最早出现在日本学者青鹿四郎在 1935 年所发表的《农业经济地理》一书中。20 世纪 50 年代末 60 年代初美国的一些经济学家开始研究都市农业。我国都市农业的提出与实践始于 90 年代初，其中，以上海、深圳、北京等地开展较早。

2. 都市农业的定义

都市农业我国学者普遍引用的一个定义是：都市农业指在经济发达国家的一些大都市里，保留一些可以耕作的土地，由城里人耕种，即都市农业，其英文原意是"都市圈中的农地作业"。关于都市农业的定义，无论在国内还是在国外诸学派众说纷纭，至今难有定论。这是因为都市农业不仅是一个新兴的研究领域，最主要的是都市农业牵涉面广，涉及的问题错综复杂。

3. 都市农业的特征

（1）都市农业所处的空间城乡边界不明显。一种情况是如日本许多城市在扩展过程中，农业以其优美的环境被保留下来，并在都市内建立各种自然休养村、观光花园和娱乐园，形成插花状、镶嵌型农业；另一种是分布在城市群之间的农业，这些地区的农村基础设施与城市无异，与中心城区交通方便，已经完全城市化。

（2）都市农业功能多样。都市农业除具有生产、经济功能外，同时具有生态、观光、社会、文化等多种功能。

（3）都市农业表现出高度集约化的趋势。处于城市化地区的农业资源条件明显不同于一般地区，农业经营表现出高度集约化的趋势。一是表现为设施化、工厂化；二是表现为专业化、基地化；三是表现为产业化、市场化。

4. 都市农业的主要功能

（1）生产、经济功能。都市农业利用现代工业技术，大幅度提高农业生产力水平，为都市市民提供鲜嫩、鲜活的蔬菜、畜禽产品、果品、花卉及水产品，并要求达到名特优、无污染、无公害、营养价值高或观赏性强。就是国际大都市的发展，也离不开对农副产品的需求，即使交通极为方便的国际都市（如日本、德国、荷兰等）也有相当部分农产品需就近供应。同时都市农业依靠大都市对外开放和良好的口岸等优越条件，冲破地域界限，实行与国际大市场相接轨的大流通、大贸易经济格局。在相当长的一段时间内生产、经济功能都是都市农业的主体功能。

（2）社会文化功能。都市农业起着社会劳动力"蓄水池"和稳定"减震器"的作用，对社会稳定发展、城乡居民就业和全面发展都有着重要作用。观光、旅游休闲，是都市农业的重要组成部分。

都市农业通过开辟景观绿地、观光农园、旅游农庄、市民农园、花卉公园等，为市民提供休闲场所，从事观光、休闲、娱乐活动，以减轻工作及生活上的压力，达到舒畅身心、强健体魄的目的。同时都市农业可以促进城乡交流，并直接对市民及青少年进行农业技术、农知、农情、农俗、农事教育，因而具有较强的教育功能。另外，农村特有的传统文化因都市农业的发展而得以继续延伸和发展，如日本、德国等。

（3）生态功能。首先是指为城市增色添绿、美化环境、保持水土、减缓热岛效应、调节小气候、提供新鲜空气，改善生态环境，提高生活质量的功能；其次是指将生活废水及垃圾用作灌溉和肥料，节约资源、保护环境的功能；再次是创立市民公园、农业公园以及开设其他各类农业观光景点，减少或减轻"水泥丛林"和"柏油沙漠"对都市人带来的烦躁与不安的目的，提高市民生活质量，使农业真正起到"城市之肺"的作用，如德国、日本、新加坡等。

（4）示范辐射功能。都市农业是农业新技术引进、试验和示范的前沿农业，对一般农业的发展具有样板、示范功能。都市农业能够依托大城市科技、信息、经济和社会力量的辐射，成为现代高效农业的示范基地和展示窗口，进而带动持续高效农业乃至农业现代化的发展，对我国广大农村地区的土地高效利用起到示范作用，如日本、新加坡等。

5. 都市农业的发展趋势

（1）地域特色化趋势。荷兰凭借其悠久的花卉发展历史，在花卉种苗球根、鲜切花自动化生产方面占有绝对优势，尤其是以郁金香为代表的球根花卉，已经成为荷兰都市农业的象征。美国由于国内市场需求增大以及地域辽阔，在花草和花坛植物育种及生产方面走在世界前列，同时，在盆花观叶植物方面也处于领先地位。日本凭借"精细农业"的基础，在育种和栽培上占绝对优势，对花卉的生产、储运、销售，能做到标准化管理。

（2）国际化趋势。由于发达国家和地区的生产成本高，一些发达国家倾向于寻求与生产成本低的发展中国家合作经营。因此，外向型、创汇型的"空运农业"十分发达。以花卉产业为例，世界花卉的生产和消费主要在欧共体、美国、日本三大发达地区和国家，其进口的花卉总量占世界花卉贸易额的99%，其中，欧共体占80%，美国占13%，日本占6%。世界花卉产业的发展经历了3个阶段：在20世纪90年代以前，世界花卉及高科技农业的生产地和消费地是重合的，主要集中在欧美和日本等经济发达地区；20世纪90年代以后，都市农业的生产与消费开始分离；如今，花卉生产已经向气候条件优越、土地和劳动力等生产成本低的国家和地区转移。目前，哥伦比亚、津巴布韦、肯尼亚以及东南亚国家和地区纷纷加入花卉产业的行列。与发达国家的农业企业合作，建立高科技农业园。许多国家还在农业生产基地兴建农用机场，农产品一出基地就上飞机运到世界各地，形成"空运农业"。

（二）休闲农业

一种综合性的休闲农业区。游客不仅可观光、采果、体验农作、了解农民生活、享受乡土情趣，而且可住宿、度假、游乐。休闲农业的基本概念是利用农村设备与空间、农业生产场地、农业产品、农业经营活动、自然生态、农业自然环境、农村人文资源等，经过规划设计，以发挥农业与农村休闲旅游功能，增进民众对农村与农业的体验，提升旅游品质，并提高农民收益，促进农村发展的一种新型农业。

休闲农业是在经济发达的条件下为满足城里人休闲需求，利用农业景观资源和农业生产条件，发展观光、休闲、旅游的一种新型农业生产经营形态。休闲农业也是深度开发农业资源潜力，调整农业结构，改善农业环境，增加农民收入的新途径。休闲农业的基本属性是以充分开发具有观光、旅游价值的农业资源和农业产品为前提，把农业生产、科技应用、艺术加工和游客参加农事活动等融为一体，供游客领略在其他风景名胜地欣赏不到的大自然情趣。休闲农业是以农业活动为基础，农业和旅游业相结合的一种新型的交叉型产业，也是以农业生产为依托，与现代旅游业相结合的一种高效农业。

全国各地的发展实践证明，休闲农业与乡村旅游的发展不仅可以充分开发农业资源，调整和优化产业结构，延长农业产业链，带动农村运输、餐饮、住宿、商业及其他服务业的发展，促进农村劳动力转移就业，增加农民收入，致富农民，而且可以促进城乡人员、信息、科技、观念的交流，增强城里人对农村、农业的认识和了解，加强城市对农村、农业的支持，实现城乡协调发展。

（三）设施农业

设施农业属于高投入高产出，资金、技术、劳动力密集型的产业。它是利用人工建造的设施，使传统农业逐步摆脱自然的束缚，走向现代工厂化农业生产的必由之路，同时也是农产品打破传统农业的季节性，实现农产品的反季节上市，进一步满足多元化、多层次消费需求的有效方法。设施农业是个综合概念，首先要有一个配套的技术体系做支撑，其次还必须能产生效益。这就要求设施设备、选用的品种和管理技术等紧密联系在一起。设施农业是个新的生产技术体系。它采用必要的设施设备，同时选择适宜的品种和相应的栽培技术。

设施农业从种类上分，主要包括设施园艺和设施养殖两大部分。设施养殖主要有水产养殖和畜牧养殖两大类。

1. 设施园艺的主要类型及其优缺点

设施园艺按技术类别一般分为玻璃/PC 板连栋温室（塑料连栋温室）、日光温室、塑料大棚、小拱棚（遮阳棚）4 类。

①玻璃/PC 板连栋温室具有自动化、智能化、机械化程度高的特点，温室内部具备保温、光照、通风和喷灌设施，可进行立体种植，属于现代化大型温室。其优点在于采光时间长，抗风和抗逆能力强，主要制约因素是建造成本过高。福建、浙江、上海等地的玻璃/PC 板连栋温室在防抗台风等自然灾害方面具有很好的示范作用，但是目前仍处在起步阶段。塑料连栋温室以钢架结构为主，主要用于种植蔬菜、瓜果和普通花卉等。其优点是使用寿命长，稳定性好，具有防雨、抗风等功能，自动化程度高；其缺点与玻璃/PC 板连栋温室相似，一次性投资大，对技术和管理水平要求高。一般作为玻璃/PC 板连栋温室的替代品，更多用于现代设施农业的示范和推广。

②日光温室的优点有采光性和保温性能好、取材方便、造价适中、节能效果明显，适合小型机械作业。天津市推广新型节能

日光温室，其采光、保温及蓄热性能很好，便于机械作业，其缺点在于环境的调控能力和抗御自然灾害的能力较差，主要种植蔬菜、瓜果及花卉等。青海省比较普遍的多为日光节能温室，辽宁省也将发展日光温室作为该省设施农业的重要类型，甘肃、新疆、山西和山东日光温室分布比较广泛。

③塑料大棚是我国北方地区传统的温室，农户易于接受，塑料大棚以其内部结构用料不同，分为竹木结构、全竹结构、钢竹混合结构、钢管（焊接）结构、钢管装配结构以及水泥结构等。总体来说，塑料大棚造价比日光温室要低，安装拆卸简便，通风透光效果好，使用年限较长，主要用于果蔬瓜类的栽培和种植。其缺点是棚内立柱过多，不宜进行机械化操作，防灾能力弱，一般不用它做越冬生产。

④小拱棚（遮阳棚）的特点是制作简单，投资少，作业方便，管理非常省事。其缺点是不宜使用各种装备设施的应用，并且劳动强度大，抗灾能力差，增产效果不显著。主要用于种植蔬菜、瓜果和食用菌等。

2. 设施养殖的主要类型及其优缺点

设施养殖主要有水产养殖和畜牧养殖两大类。

①水产养殖按技术分类有围网养殖和网箱养殖。在水产养殖方面，围网养殖和网箱养殖技术已经得到普遍应用。网箱养殖具有节省土地、可充分利用水域资源、设备简单、管理方便、效益高和机动灵活等优点。安徽的水产养殖较多使用的是网箱和增氧机。广西壮族自治区农民主要是采用网箱养殖的方式。天津推广适合本地发展的池塘水底铺膜养殖技术，解决了池塘清淤的问题，减少了水的流失。上海提出了"实用型水产大棚温室"的构想，采取简易的低成本的保温、增氧、净水等措施，解决了部分名贵鱼类越冬难题。陆基水产养殖也是上海近年来推广的一项新兴的水产养殖方式，但是投入成本高，回收周期长，较难被养

殖场（户）接受。

②在畜牧养殖方面，大型养殖场或养殖试验示范基地的养殖设施主要是开放（敞）式和有窗式，封闭式养殖主要以农户分散经营为主。开放（敞）式养殖设备造价低，通风透气，可节约能源。有窗式养殖优点是可为畜、禽类创造良好的环境条件，但投资比较大。安徽、山东等省以开放式养殖和有窗式养殖为主，封闭式相对较少；青海设施养殖中绝大多数为有窗式畜棚。贵州目前的养殖设施主要是用于猪、牛、羊、禽养殖的各种圈舍，以有窗式为主，开敞式占有少部分，密闭式的圈舍比较少。黑龙江养殖设施以具有一定生产规模的养牛和养猪场为主，主要采用有窗式、开放式圈舍。河南省设施养殖以密闭式设施为主。甘肃养殖主要以暖棚圈养为主，采取规模化暖棚圈养，实行秋冬季温棚开窗养殖、春夏季开放（敞）式养殖的方式。

3. 设施装备的应用情况

在设施园艺方面，小拱棚、遮阳棚多用竹木做骨架，以塑料薄膜和稻草等其他材料简单搭盖；竹木大棚，用竹片或竹竿做骨架，每个骨架用水泥柱或木桩做支柱；钢架大棚，采用钢管搭建大棚，目前普遍用连接件代替焊接技术来固定钢管。塑料连栋温室以钢架结构的为主。玻璃/PC板连栋温室以透明玻璃或PC板为覆盖材料的温室，这类温室的骨架为镀锌钢管，门窗框架、屋脊为铝合金轻型钢材。温室设施内使用的主要机械装备或装置有微耕机、微滴灌装置、臭氧病虫害防治机、电子除雾防病促生机、机动和手动施药器具、烟雾净化和二氧化碳气肥器、频振式电子灭虫灯或黄光诱虫灯等装置。温室设施外使用的机械装备有草苫（保温被）卷帘机、卷膜器等。在生产作业中，机械耕作比较普遍，其他生产环节大多是人工作业。在设施养殖方面，应用的设备主要有喂料机、喷淋设备、风机、冷水帘以及粪便处理设备等，大型养牛场还配备了自动挤奶、杀菌、冷藏等设备。大型鸡、鸭、鹅饲养场还配备有自动孵化设备。封闭式养殖设施简单，目前应用最普遍的是利用聚乙烯网片制作的网箱，配备的设备主要是增氧机。有窗式养殖主要配备通风设备和降温设备等设施。但粪便清理、饲料投放、自动拾蛋设备较少，人工操作较多，防疫、消毒设施落后，饲料加工设备不足。

（四）期货农业

1. 期货农业的发展态势

与前几年曾经风行一时而现今走入低谷的"订单农业"相比较，"期货农业"正以其风险性低、价格提前发现、农民增收效益显著等优势特点而被农产品交易市场和广大农户所接受。比起计划经济和传统农业先生产后找市场的做法，"期货农业"则是先找市场后生产，可谓是一种当代进步的市场经济产物（模式）。事实上该模式在欧美一些国家作为一种最主流的形式已经存在几十年了。所谓"期货农业"是指农产品订购合同、协议，也叫合同农业或契约农业，具有市场性、契约性、预期性和风险性，订单中规定的农产品收购数量、质量和最低保护价，使双方享有相应的权利、义务和约束力，不能单方面毁约，因为订单是在农产品种养前签订，是一种期货贸易，所以，也叫"期货农业"（农业订单＋期货贸易）。以国内外"期货农业"经营模式成功范例为佐证，国外用期货为农民服务的成功范例是美国，如美国政府将玉米生产与玉米期货期交易联系起来，积极鼓励和支持农民利用期货市场进行套期保值交易，以维持玉米的价格水平，替代政府的农业支持政策，通过玉米期货市场，美国已经成为全球玉米定价中心。事实上，随着我国农业产业化经营的推进和发展，以及现代农业观念的深入和普及，现在我国已经有不少农产品已经实行了期货交易，如黑龙江省的大豆交易市场；天津市的红小豆交易市场，其中，最引人注目的是河南省延津县的小麦交易成功地使用了"期货农业"这一现代农业产业化经营模式。其具体做法是：在延津县政府的引导和推动下，该县粮食局下属的麦业有限公司，发起成立了全县小麦协会，通过400多个中心会员（中心会员以行政村为单位）向全县10万多农户实行供种、机播、管理、机收和收购"五统一"。以高于市场价格与农民签订优质小麦订单，同时，粮食企业通过期货市场进行套期保值，在小麦种植或收获之前，就买到期货市场，并根据在期货市场套期保值的收入情况，对参与订单的农民进行二次分配，使"期货农业"这一为广大农户保障增收的经营模式，已经在延津县及河南省大部分地区取得了多赢的效果，因而在河南省召开的延津小麦经济发展高层论坛上，延津模式受到了众多国内外农业经济和粮食问题专家、学者的高度赞誉和好评。"延津经验"也在全国不胫而走，传为美谈。由此看来，"期货农业"作为一种更高级的市场形式，不仅能够有效规避风险，也可以为订单农业的顺利运行提供载体，等于是为从事种植业的农民兄弟撑起了保护伞，它是降低种植农户对农产品经营风险最为理想的模式方法，因此，很有理由推广借鉴。

2. 发展期货农业的必要性

既然"期货农业"这种经营模式在价格发现、规避风险和配置资源等方面提高上述成功范例已经显示出其独特魅力，那么，根据其特点结合当地的具体情况加以完善推广则十分必要。

第一，在发展"期货农业"时，经营机制转换过程中，利用期市进行套保、规避风险，在好多地方尚未对其达成广泛共识，无疑需要各级政府继续做好宣传、推动和引导工作；与此同时，在允许农产品经营者参与期货套期保值的政策上尽量能够予以进一步放宽。而作为为农业生产服务的期货行业，则应在期货知识、宣传期货市场功能方面，发挥更加积极的作用。

第二，期货农业是为了分散农产品风险在现货交易的基础上发展起来的，是在期货交易所内进行的标准化和约的转让，在目前订单农业的基础上是完全可以考虑的。通过"期货农业"进一步促进高效农业经济的发展，具有积极的发展内涵。在期货市场上，有两类人，一类人是投机者；另一类人称为套期保值者，他们是为了避开价格波动，从而规避风险，在此种情况下，农产品经营者就可以利用期货市场进行套期保值、将风险转嫁给众多投机者，从而使风险分散掉。假如能早些形成完善的农产品期货交易市场，近几年屡屡发生的农产品交易中双方毁约违约的信用危机现象均可迎刃而解，同时会极大地减少此类问题的出现概率。

第三，在广大农户心里是既想增产又想增收，但是变幻莫测的市场，往往将农民至于两难的境地，让农民惘然无序、不知所措。因而只好盲从安排种植品种，造成不必要的经济损失。现在让农户心里踏实的"期货农业"应运而生，实践证明，农产品经营者和广大农户，采用"期货农业"经营模式，有两方面的益处：一方面有利于农产品流通体制改革的深化，有助于农产品经营机制的转换，实现脱贫脱困目标；另一方面有利于各地农业产业化经营的发展，有效增加农民收入，推进粮食种植结构调整，从根本上解决粮食产销脱节问题。

3. 期货农业的功能和作用

期货农业具有多方面的功能和作用，概括来说主要有以下4个方面。

（1）期货农业最重要的功能就是相应提前发现农产品价格。农产品的价格波动，使种植者规避农产品的价格风险，可以帮助农民避免农产品在收获季节卖不出去的危机困境，农民在春播时节可以先了解农产品的期货价格，如果某类农产品当年价格低，就可以当年不种植，而改种其他农产品；如果当年价格高，有相当利润，那么就开犁播种，同时还可以在期货市场先将农产品卖掉，得到利润同时没有后顾之忧，显示出灵活的调节性，这样就会将价格波动影响因素消除。

（2）可转移交易市场上的风险。在农产品经营者和农户签订订单合同后，农民将其价格风险转移给农产品经营者，农产品经营者则又可以提高在期货市场上的套期保值交易，将风险转移给期货市场上的众多投机者，进而锁定成本，以此有效保证"期货农业"的顺利实施，另外，农产品经营者在与农民签订订单时，可以把市场上期货价格作为参考，科学、合理地制定订单合同的收购价格。

（3）使农民增收更有保障。发展"期货农业"就等于把农民产后的销售活动转移到了产前，农民作为卖方事先按照平等互利、自愿协商的原则，就农产品的数量、质量、规格和价格等事宜形成具有法律效力的合同，达成农业订单，这样就可以减少生产的盲目性和价格波动性，确保农民收入增加。

（4）为解决"三农"问题助一臂之力。随着我国农村经济的迅猛发展，对农业产业化的深化和推进日益加强，农业产业化成为新时期农村改革发展的根本取向。与此同时"三农"问题也日益突出，党的十六大充分肯定了农业产业化的地位和作用，强调要积极推进农业产业化经营，提高农民进入市场的组织化程度和农业综合效益。我区在贯彻十六大精神上真抓实干，积极努力地探索着当地农业产业化经营的新途径。而"期货农业"就是在农业产业化这一大背景载体下发生运行的新经营模式，通过"期货农业"来解决"三农"问题，有利于增强农产品在市场中的地位和竞争力，可以形成统一、透明和权威的市场价格，为农民和农产品经营提供经营决策参考，推动农业种植结构调整，对加强经济的宏观调控提供了有效的市场工具。

期货农业与订单农业的相似与相异。①相似之处：均为远期交割。部分支付合约金额（订单农业中的定金；期货交易中的保证金）。②相异之处：期货合约绝大多数为博取价格差获利，所以，实际完成交割的比例非常低。而订单农业基本上都会履约。期货合约流动性非常好；而订单农业的交易双方基本固定。

（五）观光农业

观光农业，是一种以农业和农村为载体的新型生态旅游业。近年来，伴随全球农业的产业化发展，人们发现，现代农业不仅具有生产性功能，还具有改善生态环境质量，为人们提供观光、休闲、度假的生活性功能。随着收入的增加，闲假时间的增多，生活节奏的加快以及竞争的日益激烈，人们渴望多样化的旅游，尤其希望能在典型的农村环境中放松自己。于是，农业与旅游业边缘交叉的新型产业——观光农业应运而生。观光农业是把观光旅游与农业结合在一起的一种旅游活动，它的形式和类型很多。

1. 主要形式

（1）观光农园：在城市近郊或风景区附近开辟特色果园、菜园、茶园、花圃等，让游客园内摘果、拔菜、赏花、采茶，享受田园乐趣。这是国外观光农业最普遍的一种形式。

（2）农业公园：即按照公园的经营思路，把农业生产场所、农产品消费场所和休闲旅游场所结合为一体。

（3）教育农园：这是兼顾农业生产与科普教育功能的农业经营形态。代表性的有法国的教育农场，日本的学童农园，台湾的自然生态教室等。

（4）森林公园：是森林景观特别优美，人文景物比较集中，观赏、科学、文化价值高，地理位置特殊，有一定的区域代表性，旅游服务设施齐全，有较高的知名度，可供人们游览、休息或进行科学、文化、教育活动。

（5）民俗观光村：到民俗村体验农村生活，感受农村气息。20世纪90年代，我国农业观光旅游在大中城市迅速兴起。观光农业作为新兴的行业，既能促进传统农业向现代农业转型，解决农业发展的部分问题，也能提供大量的就业机会，为农村剩余劳动力解决就业问题，还能够带动农村教育、卫生、交通的发展，改变农村面貌，为解决我国"三农问题"提供了新的思路。因此，可以预见，观光农业这一新型产业必将获得很大的发展。

2. 主要类型

（1）观光种植业。指具有观光功能的现代化种植，它利用现代农业技术，开发具有较高观赏价值的作物品种园地，或利用现代化农业栽培手段，向游客展示农业最新成果。如引进优质蔬菜、绿色食品、高产瓜果、观赏花卉作物，组建多姿多趣的农业观光园、自摘水果园、农俗园、果蔬品尝中心等。

（2）观光林业。指具有观光功能的人工林场、天然林地、林果园、绿色造型公园等。开发利用人工森林与自然森林所具有多种旅游功能和观光价值，为游客观光、野营、探险、避暑、科考、森林浴等提供空间场所。

（3）观光牧业。指具有观光性的牧场、养殖场、狩猎场、森林动物园等，为游人提供观光和参与牧业生活的风趣和乐趣。如奶牛观光、草原放牧、马场比赛、猎场狩猎等各项活动。

（4）观光渔业。指利用滩涂、湖面、水库、池塘等水体，开展具有观光、参与功能的旅游项目，如参观捕鱼、驾驶渔船、水中垂钓、品尝海鲜、参与捕捞活动等，还可以让游人学习养殖技术。

（5）观光副业。包括与农业相关的具有地方特色的工艺品及其加工制作过程，都可作为观光副业项目进行开发。如利用竹子、麦秸、玉米叶、芦苇等编造多种美术工艺品，可以让游人观看艺人的精湛造艺或组织游人自己参加编织活动。

（6）观光生态农业。建立农林牧渔土地综合利用的生态模式，强化生产过程的生态性、趣味性、艺术性，生产丰富多彩的绿色保洁食品，为游人提供观赏和研究良好生产环境的场所，形成林果粮间作、农林牧结合、桑基鱼塘等农业生态景观，如广东珠江三角洲形成的桑、鱼、蔗互相结合的生态农业景观典范。

（六）立体农业

1. 立体农业的内涵

目前，我国有关立体农业的定义大体有以下3种表述。

（1）狭义的立体农业。狭义立体农业指地势起伏的高海拔山地、高原地区，农、林、牧业等随自然条件的垂直地带分布，按一定规律由低到高相应呈现多层性、多级利用的垂直变化和立体生产布局特点的一种农业。如中国云南、四川西部和青藏高原等地的立体农业均甚突出。这里种植业一般多分布于谷地和谷坡，山地为天然林，间有草地，林线之上为天然草场，具有规律性显著、层次分明的特点。

仅指立体种植而言，是农作物复合群体在时空上的充分利用。根据不同作物的不同特性，如高秆与矮秆、富光与耐荫、早熟与晚熟、深根与浅根、豆科与禾本科，利用它们在生长过程中的时空差，合理地实行科学的间种、套种、混种、复种、轮种等配套种植，形成多种作物、多层次、多时序的立体交叉种植结构。

（2）中义的立体农业。是指在单位面积土地上（水域中）或在一定区域范围内，进行立体种植、立体养殖或立体复合种养，并巧妙地借助模式内人工的投入，提高能量的循环效率、物质转化率及第二性物质的生产量，建立多物种共栖、多层次配置、多时序交错、多级质、能转化的立体农业模式。

（3）广义的立体农业。广义的立体农业指根据各种动物、植物、微生物的特性及其对外界生长环境要求各异的特点，在同一单位面积的土地或水域等空间，最大限度地实行种植、栽培、养殖等多层次、多级利用的一种综合农业生产方式。如水田、旱地、水体、基塘、菜园、花园、庭园的立体种养等；林地的株间、行间混交和带状、块状混交等；水体的混养、层养、套养、兼养等均属之。以中国珠江三角洲的桑基、果基、蔗基鱼塘等为典型，具有多层次、多级利用的特点。着眼于整个大农业系统，它包括农业的广度，即生物功能维；农业的深度，即资源开发功能维；农业的高度，即经济增值维。它不是通常直观的立体农业，而是一个经济学的概念，与当前"循环经济"的概念相似。

上述3种观点从不同的角度对立体农业进行理论尝试，都是对传统平面农业单作的扬弃。第一种概念的边界只限于立体多层种植，是农作物轮作、间作、套作在现代农业技术下的延伸和发展，由于概念边界过窄，局限于种植业内部的山、水、田、滩、路的多维利用，忽略了兴起中的林牧（渔）、农牧（渔）复合种、养，以及庭院种、养加工，容易使立体农业同间作、套作混淆起来；第二种概念能够反映出当代中国立体农业的本质特征，它既有区域内垂直梯度的立体种养循环布局，又有单位面积（水体）立面空间的种养（加工）合理配置；第三种概念边界过宽，包容农、工、商综合发展，边界的无限延长无疑否定了立体农业本身的特点，造成与生态农业、农业综合开发、农业现代化之间的概念重叠和模糊，失去了立体农业存在的价值。

经过以上分析，可把立体农业的概念总结如下：立体农业是传统农业和现代农业科技相结合的新发展，是传统农业精华的优化组合。具体地说，立体农业是多种相互协调、相互联系的农业生物（植物、动物、微生物）种群，在空间、时间和功能上的多层次综合利用的优化高效农业结构。

2. 立体农业的模式和特点

立体农业的模式是以立体农业定义为出发点，合理利用自然资源、生物资源和人类生产技能，实现由物种、层次、能量循环、物质转化和技术等要素组成的立体模式的优化。

（1）立体农业的模式。构成立体农业模式的基本单元是物种结构（多物种组合）、空间结构（多层次配置）、时间结构

（时序排列）、食物链结构（物质循环）和技术结构（配套技术）。目前立体农业的主要模式有：丘陵山地立体综合利用模式；农田立体综合利用模式；水体立体农业综合利用模式；庭院立体农业综合利用模式。

（2）立体农业的特点和作用。立体农业的特点集中反映在4个方面：一是"集约"，即集约经营土地，体现出技术、劳力、物质、资金整体综合效益；二是"高效"，即充分挖掘土地、光能、水源、热量等自然资源的潜力，同时提高人工辅助能的利用率和利用效率；三是"持续"，即减少有害物质的残留，提高农业环境和生态环境的质量，增强农业后劲，不断提高土地（水体）生产力；四是"安全"，即产品和环境安全，体现在利用多物种组合来同时完成污染土壤的修复和农业发展，建立经济与环境融合观。总之，开发立体农业、发挥其独特作用，可以充分挖掘土地、光能、水源、热量等自然资源的潜力，提高人工辅助能的利用率和利用效率，缓解人地矛盾，缓解粮食与经济作物、蔬菜、果树、饲料等相互争地的矛盾，提高资源利用率，可以充分利用空间和时间，通过间作、套作、混作等立体种养、混养等立体模式，较大幅度提高单位面积的物质产量，从而缓解食物供需矛盾；同时，提高化肥、农药等人工辅助能的利用率，缓解残留化肥、农药等对土壤环境、水环境的压力，坚持环境与发展"双赢"，建立经济与环境融合观。

（七）生态农业

1. **基本概念**

生态农业——是指在保护、改善农业生态环境的前提下，遵循生态学、生态经济学规律，运用系统工程方法。生态农业是相对于石油农业提出的概念，是一个原则性的模式而不是严格的标准。而绿色食品所具备的条件是有严格标准的，包括：绿色食品生态环境质量标准；绿色食品生产操作规程；产品必须符合绿色食品标准；绿色食品包装贮运标准。所以，并不是生态农业产出的就是绿色食品。

生态农业是一个农业生态经济复合系统，将农业生态系统同农业经济系统综合统一起来，以取得最大的生态经济整体效益。它也是农、林、牧、副、渔各业综合起来的大农业，又是农业生产、加工、销售综合起来，适应市场经济发展的现代农业。

生态农业是以生态学理论为主导，运用系统工程方法，以合理利用农业自然资源和保护良好的生态环境为前提，因地制宜地规划、组织和进行农业生产的一种农业。是 20 世纪 60 年代末期作为"石油农业"的对立面而出现的概念，被认为是继石油农业之后世界农业发展的一个重要阶段。主要是通过提高太阳能的固定率和利用率、生物能的转化率、废弃物的再循环利用率等，促进物质在农业生态系统内部的循环利用和多次重复利用，以尽可能少的投入，求得尽可能多的产出，并获得生产发展、能源再利用、生态环境保护、经济效益等相统一的综合性效果，使农业生产处于良性循环中。

生态农业不同于一般农业，它不仅避免了石油农业的弊端，并发挥其优越性。通过适量施用化肥和低毒高效农药等，突破传统农业的局限性，但又保持其精耕细作、施用有机肥、间作套种等优良传统。它既是有机农业与无机农业相结合的综合体，又是一个庞大的综合系统工程和高效的、复杂的人工生态系统以及先进的农业生产体系。以生态经济系统原理为指导建立起来的资源、环境、效率、效益兼顾的综合性农业生产体系。中国的生态农业包括农、林、牧、副、渔和某些乡镇企业在内的多成分、多层次、多部门相结合的复合农业系统。20 世纪 70 年代主要措施是实行粮、豆轮作，混种牧草，混合放牧，增施有机肥，采用生物防治，实行少免耕，减少化肥、农药、机械的投入等。

20 世纪 80 年代创造了许多具有明显增产增收效益的生态农

业模式，如稻田养鱼、养萍，林粮、林果、林药间作的主体农业模式，农、林、牧结合，粮、桑、渔结合，种、养、加结合等复合生态系统模式，鸡粪喂猪、猪粪喂鱼等有机废物多级综合利用的模式。生态农业的生产以资源的永续利用和生态环境保护为重要前提，根据生物与环境相协调适应、物种优化组合、能量物质高效率运转、输入输出平衡等原理，运用系统工程方法，依靠现代科学技术和社会经济信息的输入组织生产。通过食物链网络化、农业废弃物资源化，充分发挥资源潜力和物种多样性优势，建立良性物质循环体系，促进农业持续稳定地发展，实现经济、社会、生态效益的统一。因此，生态农业是一种知识密集型的现代农业体系，是农业发展的新型模式。

2. 生态农业的基本内涵与特点

生态农业的内涵是按照生态学原理和生态经济规律，因地制宜地设计、组装、调整和管理农业生产和农村经济的系统工程体系。它要求把发展粮食与多种经济作物生产，发展大田种植与林、牧、副、渔业，发展大农业与第二、第三产业结合起来，利用传统农业精华和现代科技成果，通过人工设计生态工程、协调发展与环境之间、资源利用与保护之间的矛盾，形成生态上与经济上两个良性循环，经济、生态、社会三大效益的统一。

（1）生态农业具有以下几个特点。

综合性。生态农业强调发挥农业生态系统的整体功能，以大农业为出发点，按"整体、协调、循环、再生"的原则，全面规划，调整和优化农业结构，使农、林、牧、副、渔各业和农村一、二、三产业综合发展，并使各业之间互相支持，相得益彰，提高综合生产能力。

（2）多样性。生态农业针对我国地域辽阔，各地自然条件、资源基础、经济与社会发展水平差异较大的情况，充分吸收我国传统农业精华，结合现代科学技术，以多种生态模式、生态工程和丰富多彩的技术类型装备农业生产，使各区域都能扬长避短，充分发挥地区优势，各产业都根据社会需要与当地实际协调发展。

（3）高效性。生态农业通过物质循环和能量多层次综合利用和系列化深加工，实现经济增值，实行废弃物资源化利用，降低农业成本，提高效益，为农村大量剩余劳动力创造农业内部就业机会，保护农民从事农业的积极性。

（4）持续性。发展生态农业能够保护和改善生态环境，防治污染，维护生态平衡，提高农产品的安全性，变农业和农村经济的常规发展为持续发展，把环境建设同经济发展紧密结合起来，在最大限度地满足人们对农产品日益增长的需求的同时，提高生态系统的稳定性和持续性，增强农业发展后劲。

3. 生态农业模式类型

（1）时空结构型。这是一种根据生物种群的生物学、生态学特征和生物之间的互利共生关系而合理组建的农业生态系统，使处于不同生态位置的生物种群在系统中各得其所，相得益彰，更加充分地利用太阳能、水分和矿物质营养元素，是在时间上多序列、空间上多层次的三维结构，其经济效益和生态效益均佳。具体有果林地立体间套模式、农田立体间套模式、水域立体养殖模式，农户庭院立体种养模式等。

（2）食物链型。这是一种按照农业生态系统的能量流动和物质循环规律而设计的一种良性循环的农业生态系统。系统中一个生产环节的产出是另一个生产环节的投入，使得系统中的废弃物多次循环利用，从而提高能量的转换率和资源利用率，获得较大的经济效益，并有效地防止农业废弃物对农业生态环境的污染。具体有种植业内部物质循环利用模式、养殖业内部物质循环利用模式、种养加工三结合的物质循环利用模式等。

（3）时空食物链综合型。这是时空结构型和食物链型的有机结合，使系统中的物质得以高效生产和多次利用，是一种适度投入、高产出、少废物、无污染、高效益的模式类型。

附录　新型职业农民试点县（部分）认定管理办法

一、夏邑县蔬菜产业新型职业农民认定管理办法（试行）

第一章　总则

第一条　为有效推动我县蔬菜产业的持续健康发展，保障农产品有效供给。根据中共中央、国务院关于"大力培育新型职业农民"的工作部署，按照农业部《新型职业农民培育试点工作方案》和《农业部办公厅关于新型职业农民培育试点工作的指导意见》（农办科〔2013〕36号）要求，结合我县实际，特制定本办法。

第二条　新型职业农民主要包括生产经营型、专业技能型和社会服务型职业农民。我县在试点期间主要认定生产经营型职业农民，生产经营型职业农民是指以农业为职业、占有一定的资源、具有一定的专业技能、有一定的资金投入能力、收入主要来自农业的农业劳动力，主要是专业大户、家庭农场主、农民合作社带头人等。培育新型职业农民旨在吸引和留下一批高素质农业后继者从事农业生产经营，保障主要农产品的有效供给。

第三条　新型职业农民认定管理要按照"政府引导，农民自愿，严格标准，动态管理，政策扶持"的要求进行。认定工作坚持公开、公平、公正，德绩并重的原则。

第四条　本办法适用于本县内蔬菜产业的新型职业农民的认定与管理。

第二章 申报条件

第五条 我县申报新型职业农民必须具备以下基本条件。

第一，拥护中国共产党的领导，热爱农业，热爱劳动，拥护党的农村政策，遵纪守法，品德端正，有较高的思想政治觉悟和良好的职业道德。

第二，具有初中以上文化程度，自觉参加县里安排的不少于15天的新型职业农民教育培训，学完全部内容，成绩合格。

第三，以农业为职业，主要收入来自农业，并具有2年以上从事蔬菜产业生产的经历且准备长期从事蔬菜生产。

第四，善于学习和运用农业科学技术，积极参加有关部门安排的培训，技能水平能够适合发展规模经营和服务的需要，且重视环保，防止污染，做到合法经营。

第五，年龄在18～55周岁、身体健康、能够全面履行农业生产岗位职责的本县职业农民。

第三章 认定标准

第六条 我县蔬菜产业的新型职业农民分初、中、高级3个级别，分别按如下标准进行认定。

（一）初级新型职业农民

1. 学历和生产经历标准

农业大学专科以上学历，从事蔬菜生产经营满2年；农业中专学历，毕业后从事蔬菜生产经营满2年；接受过农业系统培训，务农从事蔬菜生产经营3年以上。

2. 生产规模标准

经营日光温室蔬菜3亩以上，或经营塑料大棚蔬菜6亩以上，或从事露地蔬菜生产15亩以上。

3. 收入标准

户年人均纯收入是当地年人均纯收入的3倍以上。

4. 技能标准

具有蔬菜生产的专业技能和规模化经营管理能力，能够运用基本技能独立完成蔬菜生产的常规工作，能够合理配置农业资源，掌握先进成功的经营模式，其单位面积产量、产值、效益高于当地平均水平，起到较强的示范带动作用。

（二）中级新型职业农民

1. 学历和生产经历标准

获得农业大学专科以上学历，认定为初级新型职业农民满 2 年；农业中专学历，认定为初级新型职业农民满 3 年；接受过绿色证书培训层次的农业系统培训，认定为初级新型职业农民满 4 年，并取得农业中专毕业学历者。同时积极参加新型职业农民继续教育培训，表现优秀。

2. 生产规模标准

经营日光温室蔬菜 5 亩以上，或经营塑料大棚蔬菜 10 亩以上，或从事露地蔬菜生产 30 亩以上。

3. 收入标准

户年人均纯收入是当地年人均纯收入的 5 倍以上。

4. 技能标准

具有较高蔬菜生产的理论基础、专业技能和规模化经营管理能力；能够熟练运用基本技能独立完成蔬菜生产的常规工作，并在特定情况下，能够运用专门技能完成较为复杂的工作；能够合理配置农业资源，掌握先进成功的经营模式，其单位面积产量、产值、效益高于当地平均水平，起到较强的示范和带头作用，有较高的群众声望；示范带动一批农户从事相关产业，并指导其生产经营，取得理想的收益。

（三）高级新型职业农民

1. 学历和年限标准

获得农业大学专科以上学历，认定为中级新型职业农民满 4

年；农业中专学历，认定为新型职业农民满 5 年。同时积极参加新型职业农民继续教育培训，表现优秀。

2. 生产规模标准

经营日光温室蔬菜 10 亩以上，或经营塑料大棚蔬菜 20 亩以上，或从事露地蔬菜生产 50 亩以上。

3. 收入标准

户年人均纯收入是当地年人均纯收入的 10 倍以上。

4. 技能标准

具有深厚的蔬菜生产基础理论知识，能为农民解决蔬菜生产中的技术难题，蔬菜管理技术和生产水平处于我县先进行列，能指导他人发展蔬菜生产或协助培训一般操作人员；能够积极探索蔬菜生产新模式，普及应用特色高效品种和先进技术，积极开拓农产品销售渠道，带领农户开拓市场，探索农产品生产经营新途径，新办法；示范带动一大批农户从事相关产业，所带动农户效益显著增加。

第四章 认定程序

第七条 新型职业农民认定程序

（一）发布公告

由新型职业农民培育领导组办公室面向全县发布公告，各乡镇对评选认定工作进行广泛的宣传动员。

（二）个人自愿申报

符合申报条件和认定标准的蔬菜产业的经营业主，可填写《夏邑县新型职业农民申报登记表》进行申报。报送材料包括《夏邑县新型职业农民申报登记表》一式二份；身份证、毕业证书、专业技术职称证书、有关成果证明、获奖证书或荣誉证书（复印件）各一份。

（三）村委推荐

村委对个人的申报情况进行审查确认，填写审查推荐意见，报乡镇政府审核。

（四）乡镇审核

由村委审查盖章后推荐至乡镇政府审核，乡镇政府要核实拟推荐人的生产规模、成果、业绩和政治表现等，审核无误后填写《夏邑县新型职业农民认定推荐表》，连同个人申报材料报送县新型职业农民培育办公室汇总。

（五）开展系统培训

县新型职业农民培育办公室根据乡镇推荐的新型职业农民培育对象，组建教学班开展系统培训，考试考核合格后进行评审认定。

（六）评审认定

新型职业农民的评审认定工作由新型职业农民培育领导组办公室主持，组织成立评审委员会具体负责。评审委员会由组织、人事、相关行政部门及有关专家组成，设立主任委员主持评选工作。县新型职业农民培育办公室将汇总的拟推荐人先进行初审，初审无误后交评审委员会考核认定。

（七）发证

评审通过的人选在所在乡镇公示一周无异议后，上报夏邑县人民政府认定发证。

第五章　认定主体及承办机构

第八条　开展新型职业农民的认定管理实行政府主导，县政府委托县农民科技教育培训中心（县农业广播电视学校）承办新型职业农民的认定管理工作，搞好管理和支持服务。

第九条　新型职业农民的认定审批权由新型职业农民培育领导组办公室组织成立的新型职业农民评审认定委员会履行。

第六章　认定后的管理

第十条　获证的新型职业农民享受政府制定的优惠支持扶持政策。新增的农业补贴优先向获证职业农民倾斜，在承担农业项目、土地流转、基础投入、金融信贷、税费减免、信息服务、加工营销推广等方面使获证农民享受优先权并给予最大的倾斜。对符合条件的获证职业农民创业项目优先给予财政补助和贷款支持。对实行持证上岗的技能服务行业岗位优先由获证的职业农民承担。在劳动模范、先进工作者评选等评优表先方面要优先考虑获证的职业农民。

第十一条　县新型职业农民培育领导小组办公室负责建立电子信息管理系统，加强新型职业农民的管理。对新型职业农民实行准入及退出机制，每两年对获证的新型职业农民进行复审考核一次，对已确认的新型职业农民考核不合格的、有违法行为或不接受新型职业农民培育各项管理服务的、不按要求参加培训学习的，经县领导小组会议研究给予退出新型职业农民培育管理体系，不再享受各级政府的相关扶持政策。

二、昆山市新型职业农民认定标准及认定、管理办法

第一章　总则

第一条　为全面贯彻落实中共中央、国务院"关于全面深化农村改革加快推进农业现代化的若干意见"2014 年 1 号文件精神，及其中央、省、市关于培育新型职业农民的工作部署，结合我市现代都市农业建设和农业主导产业发展实际，以科学发展观为指导，以提高农民素质与农业技能为核心，以资格认定管理为手段，以政策扶助为动力，坚持"政府主导、稳步推进、整合资源、落实责任"的工作原则，建立与产业发展匹配、市场经济衔接、有利于新型职业农民培育的机制，努力培育一批懂政策、晓科技、会管理、善经营，具有良好职业道德、服务能力和责任意识强的新型职业农民，为昆山率先基本实现农业现代化奠定良好的基础。为此，特制定昆山市新型职业农民认定标准与认定、管理办法。

　　第二条　新型职业农民是指以农业为职业，拥有适度规模的耕地与一定的农业机械、器械设备、种子种苗等生产资料，具有较强的专业技能和经营能力，具有一定的资本投入能力，主要经济来源来自于农业经营收入、实现利润最大化的理性农民。新型职业农民是市场的主体，应具有高度的稳定性、现代理念与社会责任感，是现代农业发展的中坚力量。

　　第三条　资格证书是职业农民的基本标签，资格认证是获取证书的基本途径，而新型职业农民的认定管理坚持政府引导、农民自愿、严格标准、动态管理的基本原则，其目的是有利于支持与扶助他们的发展与成长，并教育他们履行社会服务与责任。

　　第四条　昆山市新型职业农民认定标准与认定、管理办法适用于本市范围内新型职业农民的申报认定与考核管理。

第二章　认定标准

　　第五条　基本要求

　　原则上须具备中等以上专业教育基础或年龄在 50 周岁以下、文化程度在初中以上，且稳定从事农业生产与服务 2 年以上，具备较系统的现代农业生产、经营知识与技能，较熟悉农业、农村政策法规，具有优质无公害农产品生产的意识与水平，并经系统教育培训获得国家农业职业资格证书。

　　第六条　土地流转

　　原则上须流转土地 3 年以上，且具有规范的土地流转合同。

　　第七条　生产规模与水平

　　1. 生产经营型

　　包括家庭农场、专业大户等类型的生产经营型职业农民粮食业种植规模 100 亩以上，田间农田格田成方、沟渠配套、土壤肥沃、田面平整，设置道路、植被、林带有利于保持水土、调节气候、美化环境，且栽培水平较高，全面应用优良品种与高产优质标准化栽培技术，近年来产量与效益达到或超过全市平均水平；

园艺业种植规模 20 亩以上，其中设施栽培面积超过 50%，田间土壤地平肥沃，水、电、路、渠、沟设施配套且灌排方便有保障，设施栽培采用钢管单体塑料大棚，果园采用先进设施、规模集约技术，并全面应用无公害、绿色食品果蔬品标准化生产技术，近年来产量与效益达到或超过全市平均水平；水产业养殖规模 30 亩以上，池塘标准化且主要道路硬化路面、进排水分离，用电、增氧及其他设施齐全，并全面推广应用生态健康养殖技术，近年来产量与效益达到或超过全市平均水平。

2. 专业技能与社会服务型

包括于农业园区与企业就业的农业工人等专业技能型职业农民及于经营型服务组织中或直接从事产前、产中、产后服务的农业产业化生产的具体操作人员等社会服务型职业农民要求具有一定的专业知识、较丰富的实践经验，及一定的观察判断与应变能力，能熟练掌握本专业的技术技能，能依托经营型服务组织提供的机械设备进行农业生产的服务，以努力实现最大的服务效果与效益。

第八条　产出效益与收入水平

产业效益要高于本产业平均水平的 10% 以上，收入水平年收入应高于 6 万元。

第三章　认定程序

第九条　认定主体

昆山市新型职业农民培育工作领导小组为认定主体，由昆山市新型职业农民资格认定委员会具体负责组织实施，受委托的有关机构具体负责认定管理工作。

第十条　申报认定程序

1. 选拔培育对象经教育培训与培育获得国家农业职业资格证书

2. 个人提出申请申报

3. 新型职业农民资格认定委员会组织审核评审

4. 网上公示与颁发证书等

第十一条 个人申请与申报材料

符合认定标准的培育对象于每年 12 月提出申请申报，申报时填写由认定委员会统一设计的，包括申请认定职业农民的基本信息、从业简历、近两年从业规模与效益等内容的申请（申报）表，同时提供身份证、学历证书、职业资格证书复印件，及生产经营型职业农民由村委会或村经济合作社出具承包与效益证明，专业技能与社会服务型职业农民由村委会或专业合作社出具从业经历与服务效益证明。

第十二条 审核评审

于次年第一季度由市新型职业农民认定委员会组织专家进行审核评审，初步确定新型职业农民备选名单。

第十三条 网上公示与颁发证书

对新型职业农民备选名单依托昆山农业网新型职业农民培育信息平台进行网上公示；对公示无异议的备选人员由昆山市新型职业农民培育工作领导小组颁发昆山市新型职业农民证书。

第四章　考核管理

第十四条 建立新型职业农民信息平台

依托昆山市农业网建立昆山市新型职业农民信息平台，设立新型职业农民个人档案、技术推广、工作交流、经验介绍、专家咨询、扶助政策等栏目，实行新型职业农民培育的网络化动态管理。

第十五条 建立考核年审制度

认证的职业农民于每年 12 月至次年 1 月向职业农民认定委员会填报年度生产、经营、服务与效益情况；每两年进行一次年审，对年审合格的在证书上加盖年检印章；对不具备认定标准岗位资格或连续两年未参加考核年审的取消新型职业农民资格；对符合标准、提出申请申报或已取得认定资格但调整岗位类型的给予重新评审与认定。

坚持将新型职业农民考核年审结果作为政策扶助的主要依据，保证具有证书的新型职业农民优先享受各项优惠扶助政策，努力提高政策支持的针对性和实效性。

三、招远市新型职业农民认定管理办法（暂行）

根据《农业部办公厅关于印发新型职业农民培育试点工作方案的通知》精神和《招远市人民政府办公室关于切实做好新型职业农民培育试点工作的通知》要求，为切实做好我市新型职业农民认定管理工作，特制定如下认定管理办法。

认定程序

新型职业农民资格的认定，由市新型职业农民培育工作领导小组办公室负责。新型职业农民学员完成全部培训内容后，由领导小组办公室统一组织，按如下流程进行认定：学员自愿报名，提交土地流转证明、学历证明、收入证明等有关材料→村委会审核→镇政府审核→领导小组办公室组织人员开展考试考核→村委会、镇政府签章同意→领导小组办公室认定→公示→领导小组办公室向通过认定的新型职业农民颁发《新型职业农民资格证书》并备案。

认定标准

（一）基本条件

具备以下条件的，纳入新型职业农民认定范围：年龄在18～60周岁之间，长年从事果业生产，具备系统的现代农业生产经营管理知识和技能；有科学发展理念，熟悉农业农村政策法规，注重果业可持续发展；具有生产优质无公害果品的意识和水平，重视环保，防止污染，保护环境，同时还要符合下列条件。

①有10亩以上果园种植规模，果业年纯收入6万元以上，

经济收入主要来源于果业。

②具备初中以上学历，自觉参加市里安排的不少于 15 天的新型职业农民教育培训，学完全部内容。

③通过参加教育培训，文化素质、生产技能和经营管理水平显著提升。

④通过实践应用，果业投入科学合理，果业发展后劲充足，果品产量、质量和经济效益明显提升。

⑤对周边村民有积极的影响和带动作用，果园管理的科技含量高，在科学浇水、疏花、疏果、铺反光膜、杜绝使用不规范果袋、推广病虫害生物防治、增施有机肥等方面起到示范带头作用。

（二）分级认定标准

我市新型职业农民分初、中、高级三个级别，分别按如下标准进行认定。

1. 初级职业农民

具备新型职业农民基本条件，已纳入新型职业农民认定范围，具备以下条件，经考试考核合格，认定为初级职业农民。①能带头参加各种培训，自身综合素质高。②能带头加入合作组织，抵御风险能力强。③能带头推进土地流转，规模经营水平高。④能带头推广农业科技，果业生产效益高。⑤能带头发挥示范作用，果园管理水平高。⑥能带头学习政策法规，依法致富能力强。⑦能带头增强环保意识，果品安全质量好。

2. 中级职业农民

在获得初级职业农民资格证书的基础上，同时具备以下条件，经考试考核合格的，认定为中级职业农民。

（1）18～50 周岁之间，具有高中以上学历（或相当于高中）的果农，能积极参加上级有关部门组织的培训班、技术讲座、现场会等，有不少于 20 个学时的新型职业农民继续教育培训记录。

（2）有较高的理论基础和管理技术，能帮助农民解决生产中的技术难题，在村里能够起到示范和带头作用，有较高的群众声望。

（3）能在果业专业合作社中发挥重要作用；示范带动 20 个以上农户从事相关产业，并指导其生产经营，取得理想的收益。

（4）应用先进管理方法或新技术、新品种，农产品品质有明显提升，经济效益在上年基础上提高 10% 以上。

3. 高级职业农民

在获得中级职业农民资格的基础上，同时具备以下条件，经考试考核合格的，认定为高级职业农民。

（1）年龄在 18～45 周岁之间，具有大专以上（含成人教育）学历的果农，能积极参加上级有关部门组织的培训班、技术讲座、现场会等，有不少于 40 个学时的新型职业农民继续教育培训记录。

（2）基础理论知识深厚，技术管理水平一流，能为农民解决生产中的技术难题，管理技术和生产水平处于我市先进行列。

（3）具备以下条件之一的：创办农业专业合作社；成立农业企业；注册果品商标；果品获无公害农产品认证；果品获绿色食品认证；果品获有机食品认证或其他符合国家标准的农产品认证。

（4）积极从事果业科研和技术推广，普及应用特色高效品种和先进技术，积极开拓农产品销售渠道，带领农户开拓市场，探索农产品生产经营新途径，新办法。

（5）带动周边果农开展老果园、密植园改造，发展新果园。改造或新发展果园 100 亩以上或示范带动 30 个以上的农户从事相关产业，自身收益在上年基础上增加 20% 以上，所带动农户效益显著增加。

管理办法

领导小组办公室定期对新型职业农民进行资格评价和认定，建立完善新型职业农民档案和信息管理系统，建立准入和退出机制，对职业农民实行动态管理。

（一）准入机制

按照认定标准，定期对新型职业农民学员进行评价和认定，将符合要求的农民纳入新型职业农民队伍。新型职业农民经认定后，优先享受各级政府、各部门的相关支持扶持政策，接受各级政府和培训机构的管理和服务。

（二）退出机制

已获得资格的新型职业农民，有违法行为或不接受新型职业农民各项管理服务的，不按要求参加培训学习的，因其他原因不宜继续作为新型职业农民的，经领导小组会议研究给予退出新型职业农民管理体系的处理，收回《新型职业农民资格证书》，不再享受政府和有关部门关于新型职业农民的相关扶持政策。

四、郯城县新型职业农民培育认定管理办法（暂行）

第一章　总则

第一条　为深入贯彻落实科学发展观，落实中央关于"大力培育新型职业农民"的战略部署，加快培育郯城县新型农业生产经营主体，推进郯城县现代农业发展和社会主义新农村建设。根据农业部办公厅《关于印发新型职业农民培育试点工作方案的通知》（农办科〔2012〕56号）要求，结合郯城县实际，制定本办法。

第二条　本办法所称新型职业农民是指"以农业为职业，占有一定的资源，具有一定的专业技能，有一定的资金投入能力，收入主要来自农业"的新时期农民。

第三条　郯城县新型职业农民认定本着公开、平等、竞争、择优原则，充分考虑其产业规模、技能水平、经济架构和社会服务能力。

第四条　郯城县新型职业农民认定、管理和培养工作在县政府统一领导下，由县农业局负责，发改、教体、财政、人社等部门参与，县农村科技教育培训中心（县农业广播电视学校）具体承办。

第二章　遴选

第五条　郯城县新型职业农民首先从以粮食产业和瓜果蔬菜产业为主导产业的农民中遴选，逐步覆盖到畜禽养殖、农产品贮藏加工、农业社会化服务等产业。

第六条　遴选标准（凡符合以下条件的，均可提出申请）

（1）拥护党的路线、方针、政策，遵纪守法，热爱农业，积极服务农村，群众公认度高，具有良好的职业道德和社会公德。

（2）年龄在 55 周岁以下（1958 年 12 月 31 日以后出生），具有初中及以上学历，身体健康。

（3）在农业科技、生产技能和经营管理等方面符合郯城县现代农业的发展要求，并达到一定的产业规模。

（4）具有强烈的农业创业意识和建设社会主义新农村的责任感和紧迫感。

第三章　认定

第七条　制定标准。新型职业农民认定由新型职业农民工作领导小组制定认定标准。认定条件为。

（1）是郯城籍公民，在县域内从事农业生产经营人员。

（2）从事粮食种植，规模在 50 亩（包括 50 亩）以上人员。

（3）从事瓜果蔬菜种植达到 5 个标准大棚（每个大棚占地面积在 1 亩左右）及以上人员。

（4）年龄在 18～55 周岁，身体健康，学习积极，科技意识和服务意识好，示范带动、致富和带动周围农民致富能力强，积极参与新型职业农民培育培训、实践和其他活动。

(5) 填写并递交《郯城县新型职业农民培育个人申请表》《郯城县新型职业农民认定申请表》和身份证复印件等材料各一份。

第八条 个人申请。坚持个人自愿申请的原则，符合条件的个人，根据自身实际情况，自愿申报。

第九条 逐级申报。申请人向所在村民委员会提出申请，村民委员会研究同意后推荐上报所在乡镇；各乡镇根据自身实际，经综合评议汇总确定后，上报县农业行政主管部门（县农业局）。

第十条 评审认定。郯城县新型职业农民工作领导小组组织相关专家对申报人选进行评审、认定。

第十一条 公示公布。行政村、乡镇和县三级对认定人员分别进行公示，接受社会监督。公示无异议，予以公布，并颁发新型职业农民证书。

第四章 待遇

第十二条 科技支持。郯城县新型职业农民纳入全县农村实用人才管理范围，免费参加县新型职业农民工作领导小组组织的业务知识、生产技能和经营管理等方面的知识培训，免费提供各类科技信息和技术服务。

第十三条 保障支持。在社会保障、医疗保障、农业保险保障、养老保障等方面给予支持。

第十四条 品牌支持。积极支持新型职业农民创建自己的产品品牌，同时，积极帮助进行产业或产品取得品牌认证。

第十五条 政策支持。实行"一倾斜四优先"政策，即现有农业优惠扶持政策向新型职业农民倾斜；优先安排申报农业科技推广项目及各项配套服务；优先提供金融信贷支持；优先推选省市两级"乡村之星"等奖项的评选；优先安排新型职业农民参加各类考察、学习和交流活动。

第五章　管理

第十六条　实行考核制度。县新型职业农民工作领导小组定期对新型职业农民产业发展、目标完成以及参加培训等情况进行考核。考核不合格者，取消其资格。

第十七条　实行动态管理。有违法违纪行为，因个人过失给国家、集体、群众造成重大损失和严重后果，或伪造相关证明材料、业绩，不服从新型职业农民培育领导小组管理以及其他原因不宜继续作为新型职业农民的，经县新型职业农民工作领导小组核实，取消其资格。

第十八条　实行档案管理。建立新型职业农民档案，以户为单位建立新型职业农民数据库和信息管理系统。退出人员公示后无异议不再享受各项扶持待遇。

五、南陵县家庭农场认定登记管理办法（试行）

第一章　总则

第一条　为认真贯彻 2013 年中央 1 号文件精神，加快培育新型农业经营主体，进一步推进我县现代农业发展，结合我县实际，特制定本办法。

第二条　本办法适用范围：为本县境内家庭农场的申报认定和管理。

第三条　家庭农场是指以家庭成员为主要劳动力，从事农业规模化、集约化、商品化生产经营，并以农业为主要收入来源的新型农业经营主体。其具备两个基本特征：一是在组织上是由同属于一个家庭的成员组成，而没有其他家庭的成员参加，这是家庭农场的前提条件；二是自主经营、自负盈亏的农业经济实体。这两个特征必须同时具备，缺一不可。家庭农场应是专业大户的延伸发展，专业大户是以一业为主，而家庭农场是以多业为主。

同时，是以家庭承包为主要形式，从事农业规模化、集约化、商品化经营，以农业收入作为家庭主要经济来源。

第四条　家庭农场的认定坚持公开、公平、公正、公信的原则。

第二章　家庭农场类型与条件标准

第五条　南陵县家庭农场分设种植业、水产养殖业、畜禽养殖业、种养综合型等 4 种类型，且均需达到一定规模；从事畜禽养殖的家庭农场还需取得动物防疫条件合格证；家庭农场经营的土地流转年限不得低于 5 年；家庭农场的名称必须含有"家庭农场"字样，农场主应是从事农业生产经营活动的农户户主。

第六条　家庭农场需具备以下规模条件见表。

表　家庭农场规模

种养内容	面积或规模
粮、油	100 亩以上
苗木	100 亩以上
花卉	20 亩以上
果蔬	露地面积 50 亩以上或大棚设施面积 20 亩以上
	水生蔬菜基地面积 100 亩以上（莲藕 200 亩以上）
	食用菌生产设施面积 3 500m^2 以上且年产值 30 万元以上
畜牧	商品猪年出栏 300 头以上
	蛋鸡、蛋鸭的年存笼 3 000 只以上
	肉鸡、肉鸭的年出笼 15 000 只以上
	其他特色畜禽规模养殖年产值 50 万元以上
水产养殖	连片养殖池塘面积 50 亩以上或标准精养鱼池 30 亩以上（温室养殖 2 000m^2 以上）

（1）家庭农场采用循环农业生产模式，应用先进的生产技

术，进行新品种的生产及推广；有条件的要制订农场生产标准，实行标准化生产，并鼓励其创建自主品牌，提高产品市场竞争力。

（2）家庭农场具有先进的管理方式，土地产出率、经济效益得到明显提升，亩均效益比同类型普通经营高出 20% 以上，对周边农户具有明显示范效应。

（3）种植型家庭农场具备基本的生产农机具；畜牧型家庭农场具备完善的粪污处理设施以及取得动物防疫条件合格证。

（4）种养综合型家庭农场是种植、水产养殖、畜禽养殖两者或三者结合的家庭农场。种植业、水产养殖业、畜禽养殖业等综合生产经营，但必须明确主业，主业规模标准应不低于上述产业规模标准的下限。

第三章 申报

第七条 申报条件。在具备上述家庭农场条件标准的基础上，还需具备以下条件。

（1）农场主为南陵县境内从事农业生产的农户户主，农场主必须具有农村户籍（即非城镇居民）。

（2）农场主年龄原则上控制在男性 55 周岁以下、女性 50 周岁以下。

（3）在本农场固定从业的家庭内人员不少于 2 人，以农业收入为主要经济来源，农业净收入占家庭农场总收益的 80% 以上。

（4）为了保证经营的连续性、稳定性和规模性，农场主必须规模生产 1 年以上，经营的土地流转年限 5 年以上。

（5）以家庭成员为主要劳动力。即无常年雇工或常年雇工数量不超过家庭务农人员数量。

（6）经营规模达到一定标准并相对稳定。

（7）家庭农场经营者应接受过农业技能培训。

（8）家庭农场经营活动有比较完整的财务收支记录。

（9）家庭农场有农业生产经营记录。

（10）对其他农户开展农业生产有示范带动作用。

第八条 申报材料

（1）家庭农场申报人身份证明原件及复印件。

（2）家庭农场认定申请及审批意见表。

（3）土地承包合同或经鉴证后的土地流转合同及公示材料（包括土地承包、流转等情况）。

（4）家庭农场成员出资清单。

（5）家庭农场发展规划或章程。

（6）其他需要出具的证明材料。

第九条 申报程序

镇政府对辖区内成立家庭农场的申报材料进行初审，初审合格后报县农经部门复审。经复审通过的，推荐到县工商行政管理部门注册登记。最后报县农业行政主管部门批准后，认定其家庭农场资格。

第四章 认定

第十条 县农委是家庭农场认定工作的管理部门，负责对家庭农场的资格认定、评审以及监督管理工作；县财政局参与家庭农场的资格认定、评审，负责财政扶持资金兑现；县工商局负责对家庭农场登记注册。

第十一条 县农委负责对镇政府上报的申报材料进行汇总、提出初审意见。

第十二条 由县农委会同财政、监察等相关部门进行实地考察、审查、综合评价，提出认定意见，并经公示无异议。

第十三条 经认定的家庭农场由县农委发文公布，享受家庭农场有关扶持政策，并颁发证书。

第五章 政策扶持

第十四条 对认定的家庭农场每个奖励 3 万元，奖励资金从县"三产"专项资金中列支。凡被认定的家庭农场，优先享受政府相关优惠政策。

第十五条 县委、县政府把家庭农场发展纳入"一村一品"发展规划，每年评选示范家庭农场 5 个，分别给予 3 万元的奖励。

第十六条 整合涉农财政项目，农业综合开发、重点县小农水、粮食提升及高产创建工程、农机具补贴等项目重点向家庭农场倾斜，不断提高家庭农场的农业基础设施和物质装备条件。

第十七条 2013—2015 年，全县优选 40 个家庭农场进行重点培育和扶持。同时积极协调县农村商业银行、邮政储蓄银行、农业银行等金融机构为每户家庭农场提供 5 万～10 万元的贷款授信。

第六章 管理

第十八条 凡被认定的家庭农场，农场主必须每年年末向县农业行政主管部门报送生产经营及收益情况，且不得转让资格证书。

第十九条 对家庭农场实行动态管理，每两年认定一次。对已认定的家庭农场每两年实施一次年审，家庭农场必须做好年度工作总结，并填写《南陵县家庭农场年审复查表》，于次年 1 月底前报县农委，县农委负责会同有关部门开展年审工作。年审合格的重新颁发资格认定证书。

第二十条 年审工作按照家庭农场的必备条件和发展要求，重点检查农场的生产经营情况。对生产经营正常运转的家庭农场进行评先评优，对获得先进、示范性家庭农场的给予 1 万～2 万元奖励。

第二十一条 出现下列情况之一的，取消其家庭农场资格。

（1）家庭农场在申报和年审过程中出现提供虚假材料、存在舞弊行为的、资不抵债而破产或被兼并的。

（2）家庭农场发生重大生产安全事故和重大质量安全事故的。

（3）家庭农场不按规定要求按时提供年审材料，拒绝参加年审的。

六、浚县新型职业农民培育试点工作实施方案

为确保新型职业农民培育试点工作顺利实施，加快培养新型职业农民，推进农业现代化，保障粮食生产安全，根据农业部办公厅《关于印发新型职业农民培育试点工作方案的通知》（农办科〔2012〕56号）精神，结合我县实际，制定如下实施方案。

（一）指导思想

认真贯彻落实中央、省、市关于农村工作的文件精神，紧紧围绕确保国家粮食安全和主要农产品有效供给目标任务，结合我县实际，以提高种植业农民素质和农业技能为核心，以资格认定管理为手段，以政策扶持为动力，积极探索新型职业农民培育制度，创造有利于新型职业农民培育和发展的良好环境，加强务农骨干农民教育培训，激励有志青年和农科学生从事农业生产经营，推动形成新型职业农民队伍。

（二）工作目标

1. 产业目标

根据我县产业分布，选择培训的主导产业为种植业和养殖业，种植业主要包括小麦、玉米、花生等主导产业，养殖业主要包括养猪、养鸡等产业。

2. 年度目标

自2012—2014年，在全县培训新型职业农民600人，其中培训种粮大户400人、养殖大户200人（养猪大户50人、养鸡大户100人），分年度培训方案如下。

（1）2012年培训新型职业农民100人，为种粮大户。

（2）2013 年培训新型职业农民 200 人，为种粮大户。

（3）2014 年培训新型职业农民 300 人，100 名为种粮大户，50 名为养猪大户，150 名为养鸡大户。

3. 收入目标

职业农民年收入为我县农民年平均收入的 10 倍左右，按照全县产业布局，将职业农民的年收入划分为两档：一是对于集中连片种植粮食 100 亩的种植大户，将职业农民的年收入标准确定为 8 万元；二是对于规模养殖的职业农民的年收入标准确定为 10 万元。

4. 综合目标

一是对培训结束后的学员，考核合格后，实行认证动态管理，建立档案，发放资格证，建立全县新型职业农民人才队伍；二是由县政府出台文件，制定对新型职业农民产业发展的优惠政策；三是通过 3 年的培训和管理，探索出比较成熟的培育新型职业农民的管理办法和成功经验，能够在全省及周边地区推广。

（三）培训机构确定

经过综合考察，确定由河南省农业广播电视学校浚县分校承担培训任务。

（四）组织实施

1. 组织领导

为切实搞好新型职业农民培育试点工作，县政府成立了新型职业农民培育试点工作领导小组，由主管农业副县长任组长，农业局局长、财政局局长、农机局局长、畜牧局局长任副组长，各乡镇政府领导为成员，全面开展新型职业农民培育试点工作。

2. 确定培育对象

新型职业农民是具有较高素质，主要从事农业生产经营，并具有一定生产经营规模，以此为主要收入来源的从业者。结合我县农业生产实际情况，我们制定了新型职业农民的筛选条件。

（1）思想品德端正、遵纪守法、身体健康、有吃苦耐劳的精神，愿意长期从事农业生产的本县农民或从业者。

（2）年龄在55周岁以下，初中以上文化程度，对农业新知识、新技术有较强的需求和较快的接受能力。

（3）有一定生产经营基础，种植或流转土地面积50亩以上，土地肥沃、水利条件好，粮食产量水平年亩产1 000kg以上，农业收入占家庭经济收入的80%以上；养殖业中养猪在500头以上，养鸡在10 000只以上的农户。

学员选拔采取全县广泛宣传、自愿报名、行政村推荐公示、乡镇政府认可、县新型职业农民评选工作领导小组确认的程序进行。具体做法：在全县范围内广泛宣传有关政策；由各种养大户自愿报名；所在行政村进行推荐，在村公示栏中进行公示；乡镇政府对其生产经营规模进行认可；最后由县新型职业农民评选工作领导小组进行综合对比、实地考察，确定符合条件的新型职业农民名单。

3. 分年度组织培训

2012年8月至2012年12月

（1）2012年8月前，制定并上报具体实施方案，由县政府召开相关单位工作会议，落实培训任务。

（2）2012年9月，按照"公开、公平、公正"的原则，筛选、审核、确定培训对象，本年度培育种粮大户100个。同时在全县范围内遴选符合培训条件的学员和教师，经审核后建立新型职业农民培训学员和师资库。

（3）2012年10月，结合新型职业农民教育培训需求，除征订上级统编教材外，组织专门人员编写通俗易懂的教育培训教材。

（4）2012年11月至2012年12月，制定新型职业农民教学方案、认定办法和扶持政策，建立信息服务平台，进行阶段总结。具体培训内容如下。

①职业技能培训。聘请我县理论水平较高、实践经验丰富、副高以上职称的农业一线专家担任培训教师，采用理论与实践相结合的教学方法，便于学员理解和掌握。累计集中培训时间7天。

②参观学习交流。选择我县万亩粮食高产创建示范方、丰黎种业、原种场、鹤壁市农业科学院及省内外科研部门作为实习实践基地，每年在农作物生产关键季节，组织学员到基地进行实习、实践、品种观摩等，理论与实践相结合，了解新品种特征特性、栽培技术、病虫害防治等，进一步拓展知识面，参观学习时间2次，每次时间不少于4天。

③实习实践。为了将学到的新知识运用到实践生产中去，要求每个学员建立1个高产示范方，面积10亩以上，统一设立标志、标牌。让周边群众学习掌握农业新技术，实现粮食增产，农民增收。

④长期跟踪服务。县农业部门组织专家，每年对每位学员进行不少于2次的农业技术、信息、经营、管理等方面的跟踪服务，在小麦、玉米生长关键季节，组织专业技术人员，深入基层，进村入户，到学员田间地头，现场指导农业生产，解决技术难题。

⑤组织考核。每期新型农民培训结束后，培训机构要组织参加学员进行考试，同时引导学员进行职业鉴定，以便检验培训效果。

2013 年元月至 2013 年 12 月

通过上年度开展的试点工作，制定出符合我县主导产业发展的新型职业农民培养计划，授课教师和职业农民结成帮扶对子，整合农业项目重点扶持，严格考核认证管理方法。

（1）培育新型职业农民200人，其中种粮大户200人。

（2）制定浚县新型职业农民认定管理办法。

根据产业发展水平和生产要求，认定条件包括知识技能水平、产业发展规模、生产经营效益等内容：一是种粮规模在100亩以上；二是养殖规模：生猪年出栏500头以上，鸡10 000只以上；三是职业农民的年收入8万元以上。符合以上条件的专业农民经过培训后，由农业部门统一组织考试，考试内容包括专业知识、职业道德、农产品质量安全等，并结合自己的产业设计发展规划。同时组织有关专家到场到户进行现场考核，引导农民进行职业技能鉴定，对各项条件合格的农民颁发新型职业农民资格证书。

（3）建立健全档案管理制度。为通过认定的新型职业农民健全个人档案，建立浚县新型职业农民人才信息库。

（4）实行新型职业农民准入及退出机制，对认定的新型职业农民进行动态管理。对职业农民每年度考核一次，优胜劣汰。经考核不合格的取消职业农民资格，对于达到标准者及时增补。

2014 年 1 月至 2014 年 12 月。继续开展试点工作

培育新型职业农民300人，其中培育种粮大户职业农民100人，养猪职业农民50人，养鸡职业农民150人。

通过3年来的培训工作，进一步完善我县新型职业农民教育培育模式、认定办法、扶持政策和信息服务平台，建立新型职业农民教育培训制度，向农业部提交高质量的试点工作报告。

4. 建立资格认定管理制度

完善建立我县新型职业农民资格认定制度，对培训结束，考试合格，通过了职业技能鉴定的学员，通过学员申请，认定为新型职业农民，由县农业局备案统一管理，县政府统一发放资格证书，作为享受各项优惠政策的依据。县农业局每年要对备案的新型职业农民进行摸底调查，掌握其生产经营变化，对于不再从事农业生产或规模变动的农民，要实行退出制度，对资格认证实行动态管理，保证我县新型职业农民认定的真实性和持续性。

（五）建立政策扶持体系

根据浚县农业生产实际情况，县新型职业农民培育试点工作领导小组协调有关部门，制定出支持新型职业农民的具体扶持方案，以县政府的名义出台针对新型职业农民的扶持政策，将各级政府和有关部门农业优惠政策向新型职业农民倾斜。

（1）优先申报农业项目政策资金，优先承担农业项目建设。

（2）新型职业农民创办的涉农企业符合条件的优先申报省、市、县各级农业产业化龙头企业。

（3）新型职业农民优先办理土地流转专业合作社，土地流转规模在100亩以上的，县财政给予一定的奖补。

（4）新型职业农民优先享受国家农机购置补贴、种粮补贴、良种补贴、小麦一喷三防补贴等涉农优惠政策。

（5）农村信用社等金融部门对新型职业农民优先提供不低于5万元的信用贷款，新型职业农民优先享受农业贷款贴息政策。

（6）种植业产业项目纳入我县实施的土地整理、高标准良田建设、现代农业示范区建设、粮食高产创建、试验示范、农业综合开发等项目之中。

（7）对新型职业农民参加农业保险，实行优先优惠政策。

（8）新型职业农民优先享受农业、畜牧部门的长期免费技术跟踪服务。

县新型职业农民培育试点工作领导小组办公室对政策扶持资金进行跟踪问效，并建立对新型职业农民的信用评价机制。

（六）资金用途

新型职业农民培训实行免费培训，补助资金用于培训机构对新型职业农民开展免费培训的相关支出，平均每人每年3 000元，主要用于教材费、教师授课费、场地费、学员食宿费、考务费、鉴定费、招生宣传费、培训组织费、购置种子、化肥、饲料、药品等费用。

（七）保障措施

1. 成立组织、加强领导

为切实搞好新型职业农民培育工作，我县成立了新型职业农民培育试点工作领导小组，领导小组下设办公室，设在农业局，张志军同志任办公室主任，具体负责新型职业农民培育工作，负责该项目的方案制定、实施、培训、咨询等工作，确保新型职业农民培育试点工作顺利进行。

2. 提高认识、加大宣传力度

充分利用广播、电视、印发资料、会议等形式，广泛宣传培育新型职业农民的重要意义，提高农民思想认识，进一步提高农民种粮的自觉性、积极性，确保国家粮食生产安全。

3. 建立培育档案

严格按照上级要求，建立培育档案，规范管理，档案中要详细记载学员基本情况、培训、考察、实习、跟踪服务等情况，并确定专人管理。

4. 及时信息上报和总结

培育过程中，出现的新问题、新情况以及学员提出的建议、意见要及时上报，做到上通下达，发现问题及时改进和解决，探索培育途径、积累经验、吸取教训、及时总结，确保新型职业农民培育试点工作圆满完成。

参考文献

［1］朱启臻．农民日报．

［2］田桂山，齐国．人民日报．

［3］农合致富论坛网．

［4］孙中华．农民日报．

［5］张雯丽，陈建华．农民日报．

［6］李伟伟，田世昌．经济参考报．

［7］宋洪远．中研网．